Thomas Wagner

Robokratie

Google, das Silicon Valley und der Mensch als Auslaufmodell

PapyRossa Verlag

Luxemburger Str. 202, 50937 Köln
Tel.: +49 (0) 221 – 44 85 45
Fax: +49 (0) 221 – 44 43 05
E-Mail: mail@papyrossa.de
Internet: www.papyrossa.de

Umschlag: PapyRossa Verlag
Coverbild: picture alliance / dieKLEINERT / Henrik Ellerhorst
Druck: Interpress

Die Deutsche Nationalbibliothek verzeichnet diese Publikation in der Deutschen Nationalbibliografie; detaillierte bibliografische Daten sind im Internet über http://dnb.d-nb.de abrufbar

ISBN 978-3-89438-581-1

3.
Der Mensch als Auslaufmodell

Ray Kurzweil und die Idee der Singularität

Der Mathematiker und zweimal mit dem *Hugo-Award* ausgezeichnete Science-Ficition-Autor Vernor Vinge war 1993 der erste, der bei einer Rede vor der NASA den Ausdruck Singularität benutzte, um die Zukunft der technologischen Entwicklung zu beschreiben. Zuvor hatte der Mathematiker Irving John Good bereits die Idee einer »Intelligenzexplosion« entwickelt. In seinem 1965 veröffentlichten Aufsatz *Speculations Concerning the First Ultraintelligent Machine* schrieb er: »Eine ultraintelligente Maschine sei als eine Maschine definiert, die die intellektuellen Aktivitäten eines jeden Menschen übertreffen kann, gleich wie intelligent dieser ist. Da der Entwurf von Maschinen zu den intellektuellen Tätigkeiten gehört, könnte eine ultraintelligente Maschine noch bessere Maschinen entwerfen. Unzweifelhaft gäbe es dann eine Intelligenzexplosion, und die menschliche Intelligenz bliebe weit dahinter zurück. *Deshalb würde die erste ultraintelligente Maschine zugleich die letzte Erfindung sein, die der Mensch zu machen hat, wenn die Maschine sanftmütig genug ist, uns zu sagen, wie wir sie unter Kontrolle halten können.*«[72] Manche Anhänger der Singularitätsidee lassen den hier kursivierten Schlussteil weg, wenn sie den Satz zitieren. Andere empfinden ihn nicht als Drohung, sondern als Verheißung.

---

72 Zit. nach: Barrat, a. a. O., S. 104, Übers. u. Hervorheb.: Thomas Wagner

Zu ihnen gehört Hans Moravec. 1996 sagte der Direktor des damals weltweit größten Robotik-Instituts an der Carnegie Mellon Universität (Pittsburgh/USA): »In fünfzig Jahren werden wir vermutlich mit einzelnen Molekülen arbeiten können. Wir werden superintelligente Maschinen haben und werden wahrscheinlich mit der Kolonisierung des Weltalls begonnen haben und einiges mehr, worüber zu reden ich mich nicht sicher genug fühle. Wir haben heute Roboter, die einige Aufgaben kompetent beherrschen und sie werden täglich besser. Allein in unserem Labor gibt es 100 Forscher, die nichts anderes machen als Roboterprogramme zu schreiben und zu verbessern. Wir können ziemlich zuversichtlich sein in der nächsten fünf Jahren wirklich nützliche Maschinen zu haben. Noch innerhalb der nächsten zehn Jahre werden solche Maschinen in unserem Alltag auftauchen. Putzroboter und Botenroboter, billig und zuverlässig genug, um routinemäßig eingesetzt zu werden. Diese Putzroboter werden von ihrer Intelligenz her mit dressierten Eidechsen vergleichbar sein. Dieser Vergleich hinkt natürlich etwas, denn wer will schon eine dressierte Eidechse als Putzfrau. Nein, wir wollen einen Roboter, der speziell dafür konstruiert wurde.«[73]

Aufgrund der Entwicklungen in der Gen- und Nanotechnologie sowie der Robotik werde sich in Zukunft die Grenze zwischen lebend und nicht lebend immer mehr verwischen. Moravec weiter: »Es wird Dinge geben, die zwar belebt sind, aber nicht intelligent und umgekehrt. Andere Dinge werden wachsen und sich fortpflanzen können, aber nicht belebt oder intelligent sein. Dann wird es Produkte geben, die aus organischem Material bestehen, aber auf dem Computer konstruiert und in der Fabrik gebaut wurden. Andere Artefakte werden aus Silizium, Plastik und Metall bestehen, sich aber fortpflanzen und weiterentwickeln können. Spätestens dann wird der Mensch seine eigene Rolle in der Welt grundsätzlich überdenken müssen. Die Welt wird eine völlig andere sein. Diese Technologien, die die Roboter so fähig und intelligent machen werden, wird man auch am Menschen anwenden können. Menschen vermögen sich dann zumal wahrscheinlich biologisch

73 Hans Moravec, in: Gelpke / Kluge, a. a. O.

Inhalt

Prolog

Wie ein Soziologe sich die Zukunft vorstellt

»Das Interessanteste, was Menschen herstellen könnten, ist die Menschheit.«
(Dietmar Dath, Schriftsteller)[1]

»Wir müssen den Menschen Vorrang vor den Maschinen einräumen.«
(Nicolas Carr, Publizist)[2]

Wie mag die Welt wohl am Ende dieses Jahrhunderts aussehen? Und wie müsste eine Politik beschaffen sein, die den sich heute abzeichnenden existenziellen Risiken angemessen begegnet? Anthony Giddens (geb. 1938) versuchte am 19. Februar 2013 Antworten auf diese Fragen zu geben. Zu diesem Zweck kehrte der weltweit am häufigsten zitierte Soziologe an jene Lehr- und Forschungsanstalt zurück, die er von1997 bis 2003 als Direktor geleitet hatte: die ehrwürdige *London School of Economics*. Der Hörsaal war gut gefüllt. Viele Studierende und ehemalige Kollegen waren gekommen, um den Autor und Herausgeber von rund 40 Büchern zu hören, die in ebenso viele Sprachen übersetzt worden sind. Was sie von dem 2004 in den Adelsstand gehobenen und in das britische Oberhaus aufgenommenen Sozialwis-

1 Dietmar Dath: Maschinenwinter. Wissen, Technik, Sozialismus. Eine Streitschrift, Frankfurt a. M. 2008, S. 72

2 Carr, Nicholas: Abgehängt. Wo bleibt der Mensch, wenn Computer entscheiden?, München 2014, S. 274

senschaftler zu hören bekamen, mag dennoch manche unter ihnen verwundert haben. Hatte Giddens am Anfang seiner wissenschaftlichen Karriere für eine Studie über *Die Klassenstruktur fortgeschrittener Gesellschaften* noch auf die Theorie von Karl Marx und Friedrich Engels zurückgegriffen, empfahl der ohne Redemanuskript vortragende Wissenschaftler seinen Zuhörern nun die Schriften von Ray Kurzweil. Dieser habe dargelegt, dass die Menschheit ihre Natur in den kommenden Jahrzehnten auf eine unvorhersehbare Weise verändern werde. Die Menschen würden nicht mehr länger Menschen bleiben. Zumindest die jüngeren Zeitgenossen, gab Giddens zu verstehen, dürften nach diesen auf mathematischen Modellen beruhenden Prognosen damit rechnen, noch den Zeitpunkt zu erleben, an dem die Menschen mit Maschinen verschmelzen, mit deren Hilfe eine Intelligenz entwickeln, die 100-mal höher ist als die heutige, und schließlich unsterblich werden.

Ob er selbst diese Entwicklung für wahrscheinlich hält, ließ Giddens offen. Er deutete jedoch an, dass er sowohl die Vernichtung der Gattung als auch dramatische technologische Entwicklungsschübe für möglich hält. Als ihm im Anschluss an seinen Vortrag jemand aus dem Publikum die Frage stellte, was er dem konservativen Premierminister David Cameron oder Ed Miliband, dem Oppositionsführer von der Labour Party, angesichts der geschilderten Zukunftsszenarien empfehlen würde, gab der ehemalige enge Berater des früheren Premiers Anthony Blair überraschenderweise zu erkennen, dass er die Handlungsoptionen der Politik für denkbar gering hält. Ray Kurzweil, der Chefingenieur von *Google*, habe mehr Einfluss als irgendein Politiker. Wie eine wachsende Zahl von Angehörigen der ökonomischen und politischen Elite, so scheint auch der Autor einer unter Kollegen weithin anerkannten Theorie, die gesellschaftliche Strukturen auf individuelles und kollektives Handeln von Menschen zurückführt, den in einflussreichen Netzwerken operierenden Propheten einer künftigen Roboterherrschaft auf den Leim zu gehen – wenn er sich nicht bewusst in deren Dienste stellt. Auf die Grundelemente dieser neuen Techno-Ideologie war ein technologisch interessierter und politischer wacher Kollege Giddens' bereits vor drei Jahrzehnten gestoßen.

1.
Einleitung

Roboter als die besseren Menschen

»Die Frage ist nicht, ob, sondern wann eine Maschine Mensch wird.«
(John E. Kelly III, Leiter der Forschungsabteilung von IBM)[3]

Im Herbst 1985 unternahm der Sozialhistoriker Hans G Helms eine Studienreise in die USA, wo er mit einer ganzen Reihe von Wissenschaftlern im Bereich der Mikroelektronik sprach. Einer von ihnen war James McAlear, damals Präsident des Unternehmens *Gentronix Laboratories*, das sich auf die Forschung und Entwicklung von organischen Mikroprozessoren spezialisiert hatte. Sie sollten eine Milliarde Mal kleiner und leistungsfähiger als die damals gebräuchlichen Siliziumchips sein. Das alles diene, so McAlear, dem »wichtigsten Ereignis in der Geschichte der Menschheit«[4], der »Entwicklung von Computerkapazitäten, die die des Menschen eigenen ›Computer‹ übertreffen werden«. Es gebe keinen Grund, warum diese Roboter sich dann nicht selbst bauen und entwerfen könnten. Allerdings be-

3 Zit. nach: Jordan Mejias: Müssen wir Angst vor Watson haben?, in: Frankfurter Allgemeine Zeitung (FAZ), 25.6.2014, S. 11

4 Hans G Helms: Computer aus der Alchimistenküche. Forschungen im Auftrag des Pentagons zu Biochips, molekularelektronischen Geräten und zur Kontrolle und Steuerung von Menschen durch implantierte *wetware*, in: Hermann Behrens / Gerd Neumann / Andreas Schikora (Hg.): Wirtschaftsgeschichte und Umwelt, Marburg 1995, S. 154

stünde dann die Gefahr, dass der Mensch durch seine Sklaven versklavt werden könnte. Für Kevin Ulmer, den damaligen Direktor des *Zentrums für weiterführende biotechnologische Forschungen* an der Staatsuniversität von Maryland (USA) waren das haltlose Spekulationen. Er bezeichnete seinen Kollegen als Scharlatan.

Doch stand McAlear mit seiner Ansicht von der kommenden technischen »Superintelligenz« (Nick Bostrom) damals keineswegs allein. Schon 1958 hatten Herbert A. Simon und Alan Newell, Forscher von der renommierten Carnegie-Mellon-Universität im US-Bundesstaat Pittsburgh, entsprechende Hoffnungen mit der Entwicklung künstlicher Intelligenz (KI) verbunden: »Es gibt nunmehr in der Welt Maschinen, die denken, lernen und schöpferisch tätig sind. Darüber hinaus wächst ihre Fähigkeit auf diesen Gebieten zunehmend, bis – in absehbarer Zeit – der Bereich von Problemen, die sie bearbeiten können, sich mit dem Bereich deckt, der bis jetzt dem menschlichen Denken allein vorbehalten war.«[5] Nach Ansicht des Computerwissenschaftlers Joseph Weizenbaum hatten sie damit das Ziel der KI-Forschung beschrieben: den »Bau einer Maschine, deren linguistisches Verhalten dem von Menschen äquivalent sein sollte, um das Mindeste zu sagen.«[6]

Militärisches Interesse

Ein besonderes Interesse an den Ergebnissen solcher Arbeit hat das Militär. »Das US-Verteidigungsministerium und die National Science Foundation unterstützen gegenwärtig eingehende Versuche zur Realisierung von Maschinen, die die menschliche Rede verstehen können. Zweifelsohne werden die ehrgeizigen Pläne von Simon und Newell sowohl von mächtigen Regierungsstellen in den USA als auch in weiten Teilen der naturwissenschaftlichen Gemeinde ernst genommen«,[7]

5 Zit. nach: Weizenbaum, Joseph: Die Macht der Computer und die Ohnmacht der Vernunft, Frankfurt a. M. 1978, S. 187

6 Ebd.

7 Ebd., S. 189

schreibt Weizenbaum. Er zitiert bereits in den 1970er Jahren aus einem Planungspapier, das ihm der nicht genannte Direktor »eines größeren Computerlaboratoriums an einer größeren Universität« überlassen hatte. Demnach bestehe »Übereinstimmung darüber, dass wir die Schwelle erreicht haben, hinter der man Computer sich als Träger von Wissen vorstellen kann, das sie sinnvoll und effektiv in entsprechender Weise wie der Mensch einsetzten – wenn die Zeit gekommen ist, sogar in einer dem Menschen überlegenen Weise«.[8] Außerdem heißt es in dem Schreiben, das laut Weizenbaum an sämtliche Mitarbeiter der betreffenden Fakultät verteilt wurde: »Der größte Teil unserer Forschung ist bisher von der Regierung der Vereinigten Staaten, vor allem vom Verteidigungsministerium unterstützt worden. Das wird wahrscheinlich auch weiterhin der Fall sein. Das Verteidigungsministerium wie auch andere Stellen innerhalb der Regierung arbeiten an der Entwicklung und dem Einsatz komplexer Systeme, die ein sehr großes zerstörerisches Potenzial enthalten und die zunehmend von Digitalrechnern gesteuert und kontrolliert werden können. Diese Systeme sind weitgehend verantwortlich für die Aufrechterhaltung des gegenwärtigen Friedens und der Stabilität in der Welt, und gleichzeitig sind sie in der Lage, eine Zerstörung in einem Ausmaß freizusetzen, das für die Menschen kaum fassbar ist.«[9]

Diese Passage ist in mehrfacher Hinsicht bemerkenswert. Zum einen wird unverhohlen auf die Rolle des Militärs bei der Unterstützung dieses Wissenschaftszweigs hingewiesen. Das massive Interesse des Pentagon ist bis heute ein beständiger Motor der KI-Forschung (vgl. Kapitel 9).[10] Zum anderen zeigt sie, dass Ideen von der technolo-

---

8 Zit. nach: ebd., S. 320

9 Ebd., S. 317

10 James McAlear nannte Hans G Helms eine Reihe von staatlichen und privaten Auftraggebern, die entsprechende Forschungen unterstützten: das Pentagon, das kanadische Verteidigungsministerium, die Chemiekonzerne *DuPont* und *Grace*, die Elektronikkonzerne *GTE*, *Westinghouse*, *General Electric* und *Kodak*, das japanische Technologieministerium MITI und japanische Konzerne wie *Hitachi*, *NEC*, *Mitsubishi*, *Sharp*, *Sony* und *Toyota*. In einem Buch von 2002 bedankt sich Rodney Brooks, damals Direktor

gischen Überwindung des Menschen, die wir heute mit dem Konzept der Singularität verbinden, eine beachtliche Vorgeschichte haben. Mit Singularität ist jenes Stadium der Evolution gemeint, in der eine den Menschen haushoch überlegene künstliche Intelligenz ein Eigenleben zu führen beginnt, Unsterblichkeitsvisionen auf technologischem Wege realisiert werden können, die weitere biologische Existenz der Menschheit jedoch höchst fraglich ist.

Manche dieser Ideen gediehen auch in nicht kapitalistischen Gefilden. So propagierte in der frühen Sowjetunion eine Bewegung sogenannter Biokosmisten die Besiedlung des Alls durch buchstäblich unsterbliche Kosmonauten. Von Partei- und Staatsführung wurden solche Ideen jedoch nie gefördert.[11] Etwa zehn Jahre nach dem Ende der Sowjetunion fielen dem Philosophen Jürgen Habermas[12] dann

---

des *Artificial Intelligence Lab* am *Massachusetts Institute of Technology* u.a. ausdrücklich bei seinen »Sponsoren von der *Defense Advanced Research Projects Agency*«, kurz DARPA, sowie beim *Office of Naval Research* (Rodney Brooks: Menschmaschinen. Wie uns die Zukunftstechnologien neu erschaffen, Frankfurt a.M./New York 2002, S.7). Eine regelrechte Machtübernahme der Roboter befürchtet er allerdings nicht: »Ich bin in der letzten Zeit zu der Überzeugung gelangt, dass dies nie geschehen wird. Denn es wird in diesem Sinne kein ›wir‹ (die Menschen) mehr geben, von denen ›sie‹ (die reinen Roboter) die Herrschaft übernehmen könnten.« (ebd., S.9)

11 Thomas Tetzner, der dem Phänomen eine umfangreiche ideengeschichtliche Untersuchung widmete, weist gegenteilige Behauptungen energisch zurück. Die in Teilen der Intelligenzija verbreitete Hoffnung auf die Erschaffung eines Übermenschen habe nicht zu den Zielen sowjetischer Politik gehört. So gut wie alle diesbezüglichen Überlegungen seien personell wie institutionell außerhalb der offiziellen staatlichen und Parteistrukturen entwickelt und spätestens in den 30er Jahren von Stalin teilweise rigoros unterbunden worden. Ihre Wurzeln hätten die Träume vom vermeintlich durch neue Technik zu erreichenden Übermenschen in der von der orthodoxen Kirche geprägten russischen Geistesgeschichte gehabt. (Vgl. Tetzner, Thomas: Der kollektive Gott. Zur Ideengeschichte des »Neuen Menschen« in Russland. Göttingen 2013, S.374f)

12 Bereits 1968 bezeichnet Habermas die damals von Zukunftsforschern vorhergesagten biotechnischen Steuerungsmöglichkeiten als Ende einer Entwicklungslinie, »die unter der sanften Herrschaft von Technik und Wissenschaft als Ideologie sich abzeichnet« (Jürgen Habermas: Technik und Wissenschaft als Ideologie, Frankfurt a.M. 1968, S.98).

erneut »merkwürdige Sachbuchautoren« auf, »die den Menschen aus Fleisch und Blut zum Auslaufmodell« erklären.[13] Etwa zur gleichen Zeit ließ sich der Soziologe Dirk Baecker von Publikationen der Robotiker Rodney Brooks und Hans Moravecs sowie von Ray Kurzweil[14] zu Spekulationen über die Frage inspirieren, was eine mit eigenem Bewusstsein ausgestattete künstliche Intelligenz denn wollen würde, falls man sie denn zu konstruieren verstünde.[15] Und ebenfalls

---

13 Jürgen Habermas: Die Zukunft der Natur. Auf dem Weg zu einer liberalen Eugenik?, Frankfurt a.M. 2002, S. 75. Er schrieb damals: »Gleichviel, ob sich in diesen Spekulationen Spinnereien oder ernst zu nehmende Prognosen, verschobene eschatologische Bedürfnisse oder neue Spielarten einer Science-Fiction-Science ausdrücken, mir dienen sie nur als Beispiele für eine Technisierung der menschlichen Natur, die ein verändertes gattungsethisches Selbstverständnis provoziert – eines, das mit dem normativen Selbstverständnis selbstbestimmt lebender und verantwortlich handelnder Personen nicht mehr in Einklang gebracht werden kann.« (ebd., S. 76)

14 Moravec hatte 1999 das Buch *Robot: Mere Machine to Transcendent Mind* (Oxford) veröffentlicht. Kurzweil sorgte im gleichen Jahr mit dem Titel *The Age of Spiritual Machines* (New York) für Aufsehen.

15 Seine Antwort: »Die wollen Information, die wollen etwas wissen. Warum? Weil sie Systeme sind, die ohne Input sich nicht reproduzieren können. Sie müssen ihre eigenen neuronalen Systeme, das heißt diese verschiedenen Schichten von Informationsverarbeitungskapazität, nach denen mittlerweile die Robotergehirne gebaut werden, beschäftigen. Wie beschäftigt man ein Gehirn? Genau wie beim Menschen auch: durch Beispiele. Die Frage ist: Wie kann ein überdimensionales, extrem schnelles, mit unserer Langsamkeit nicht so behaftetes Robotergehirn bei Laune gehalten werden, sich selbst mit Informationen zu versorgen. Antwort: Sie brauchen ständig neue Beispiele« (zit. nach: Dirk Baecker, in: Basil Gelpke / Alexander Kluge: Mensch 2.0. Die Evolution in unserer Hand, DVD, 2011). Ohne müde zu werden, würden sie an neuen Beispielen arbeiten. »Das ist es, was sie für uns unberechenbar machen wird. Im Gegenzug werden wir für sie immer berechenbarer … Sie werden sich mit unseren Mythen und unserer Literatur, unseren Ideologien und unserer Ideologiekritik, unserer Psychologie und unserer Psychoanalyse, unserer Ökonomie, Politik und Erziehung und unserer Soziologie vertraut machen, um uns ›archetypisch‹ auf die Beispiele festzuschreiben, in denen wir unsere Humanität verankern« (Dirk Baecker: Was wollen die Roboter?, in: ders.: Wozu Systeme?, Berlin, o.J., S. 22; Erstveröffentlichung in: Carl Hegemann (Hg.): Glück ohne Ende: Kapitalismus und Depression II, Berlin 2000).

zu dieser Zeit warnte der Softwareentwickler und Autor Jaron Lanier, der 2014 den Friedenspreis des Deutschen Buchhandels zuerkannt bekam, zum ersten Mal vor den Spekulationen der genannten Anhänger der Singularität.[16]

Gegensätzliche Expertenmeinungen

Ob es sich dabei um Scharlatanerie oder um ernst zu nehmende Prognosen handelt, darüber streiten sich die Experten bis heute.[17] Die Zeiten, in denen man Leute, die sich mit solchen Fragen befassen, grundsätzlich für Spinner, Sektierer oder mit viel Phantasie begabte Science-Fiction-Fans hält,[18] scheinen jedoch vorbei zu sein. Christoph Kucklick, Chefredakteur der Zeitschrift *GEO*, meint, dass »fast alles,

---

16 Jaron Lanier: One Half of a Manifesto, in: Edge, 11.10.2000 (www.edge.org)

17 Barrat zitiert jüngere Erhebungen unter Computerwissenschaftlern und KI-Forschern, die besagen, dass diese zu 10% damit rechnen, dass das Niveau menschlicher Intelligenz schon im Jahr 2028 erreicht sein wird, 50% glauben, dass dies bis 2050 der Fall sein wird. 90% meinen, dass es spätestens zum Ende dieses Jahrhunderts soweit sein wird. Er selbst gibt an, bei einer von Benjamin Goertzel organisierten Konferenz, die im *Google*-Hauptquartier im kalifornischen Mountain View stattfand, zur selben Frage eine nichtrepräsentative Umfrage unter 200 Computerexperten gemacht zu haben. Vier Möglichkeiten standen zur Auswahl: 2030, 2050, 2100 und überhaupt nicht. 42% entschieden sich für 2030, 25% für 2050, 20% für 2100 und 2% für überhaupt nicht. (Vgl. James Barrat: Our Final Invention. Artificial Intelligence and the End of the Human Era, New York 2013, S. 196)

18 Die Populärkultur des 20. Jahrhunderts wimmelt von Supercomputern, die den Menschen das Denken abnehmen, für ihre Sicherheit sorgen oder sich vom nützlichen Werkzeug in eine tödliche Bedrohung verwandeln. Bei einem Workshop des *International Committee for Robot Arms Control* (ICRAC) zu Rüstungskontrollen für Militärroboter, der 2010 in Berlin stattfand, »äußerten Teilnehmer mehrfach die Sorge, mit Terminator-Visionen in einen Topf geworfen werden zu können« (Hans-Arthur Marsiske: Fluchtpunkt Autonomie. Die Gretchenfrage der Robotik, in: Hans-Arthur Marsiske (Hg.): Kriegsmaschinen. Roboter im Militäreinsatz, Hannover 2012, S. 6).

was Menschen können, Maschinen irgendwann besser können«.[19] Shmuel »Mooly« Eden, Präsident des Computerchipherstellers *Intel* in Israel, sagte: »Schon in 15 Jahren könnten wir Computer haben, die in der Lage sind, es mit dem menschlichen Gehirn aufzunehmen.«[20] Letztlich werde es gegen den Computer verlieren. »Wie organisieren wir eine zukünftige Gesellschaft, in der Computer irgendwann klüger sind als Menschen?«, fragen immer mehr sogenannte Spitzenforscher.[21] Auch Eric Brynjolfsson und Andrew McAfee, zwei Wirtschaftswissenschaftler vom *Massachusetts Institute of Technology* (MIT), die derzeit sehr gefragt sind, wenn es um Prognosen über die Auswirkungen der digitalen Revolution auf die Arbeitswelt geht, wollen zumindest nicht ausschließen, dass digitale Gehirne einmal mit unseren verschmelzen »oder ein eigenes Bewusstsein entwickeln«[22] könnten. Ähnlich äußert sich der ehemalige US-Vizepräsident Al Gore (Demokratische Partei) in seinem Buch über die Zukunftsaussichten der Menschheit.[23] Vergleichsweise skeptisch äußert sich Lora G. Weiss, eine leitende Forscherin am *Georgia Tech Research Institute* in Atlanta (USA), die zahlreiche Projekte im Auftrag des Pentagon durchgeführt hat: »Ich kann bestätigen, dass Roboter deutlich schlauer werden,

19 Christoph Kucklick: Die granulare Gesellschaft. Wie das Digitale unsere Wirklichkeit auflöst, Berlin 2014, S. 69

20 In: Welt am Sonntag, 26.10.2014

21 In diesem Fall der Physiker und Soziologe Dirk Helbing von der Eidgenössischen Technischen Hochschule in Zürich (in: Big Data. Das neue Versprechen der Allwissenheit, Berlin 2013, S. 250). Die Kontrolle des Weltgeschehens durch einen Supercomputer sei »ein äußerst gefährlicher Traum«, der die Menschheit »letzten Endes ungewollt in die Katastrophe führen« könne. (ebd., S. 251)

22 Eric Brynjolfsson / Andrew McAfee: The Second Machine Age. Wie die nächste digitale Revolution unser aller Leben verändern wird. Kulmbach 2014, S. 307. Vorerst seien wir allerdings »noch weit davon entfernt.« (ebd., S. 306)

23 Er verspüre ein Unbehagen beim Gedanken an die Singularität. Dieses möge jedoch einfach auf die immensen intellektuellen »Herausforderungen zurückzuführen sein …, vor welche diese sich immer schneller entfaltenden multiplen Revolutionen uns alle stellen« (Al Gore: Die Zukunft. Sechs Kräfte, die unsere Welt verändern, München 2014, S. 323).

aber es ist keine leichte Aufgabe, sie so schlau zu machen, dass sie keine menschliche Aufsicht mehr benötigen. Und manche mögen mich auch für übertrieben skeptisch halten, aber ich bezweifle, dass Roboter sich in absehbarer Zeit selbst klonen werden.«[24] Der Wissenschaftspublizist Hans-Arthur Marsiske dagegen meint, dass es einmal Roboter geben könnte, die so etwas wie Selbstbewusstsein herausbilden.[25] Und der Algorithmen-Entwickler Jürgen Schmidhuber, Leiter des bei Lugano gelegenen *Labors für Künstliche Intelligenz IDSIA*, will nicht ausschließen, dass er – mit dem Jahrgang 1963 – den Zeitpunkt, an dem Maschinen den Menschen das Heft aus der Hand nehmen, noch erleben wird: »Es wäre erstaunlich, wenn wir nicht in ein paar Jahrzehnten intelligente Maschinen hätten, die in vieler Hinsicht dem Menschen überlegen sind.«[26] Angst mache ihm diese Entwicklung nicht.[27] »Wir sind Teil eines unaufhaltsamen Prozesses, der mir der natürliche Gang der Dinge zu sein scheint. Keiner kann exakt vorhersagen, wohin das alles führen wird. Genauso wenig wie ein einzelnes Neutron in meinem Gehirn prophezeien kann, was das gesamte Ge-

24 Lora G. Weiss: Autonome Roboter im Nebel des Krieges, in: Hans-Arthur Marsiske (Hg.): Kriegsmaschinen. Roboter im Militäreinsatz, Hannover 2012, S. 165. Davon abgesehen ist sie jedoch »erstaunt über das Tempo, mit dem das gesamte Feld voranschreitet. Tausende von Forschern beschäftigten sich damit, die Intelligenz und Autonomie unbemannter Systeme voranzubringen. Neue Durchbrüche werden praktisch jede Woche verkündet. Die Vielfalt und die schiere Menge unbemannter Systeme, die mittlerweile im Einsatz sind, ist atemberaubend.« (ebd.)

25 Er schreibt: »Bis zum Beweis des Gegenteils sollten wir davon ausgehen, dass sie sich zu komplexen, leidensfähigen Wesen entwickeln können. … Wir schaffen die Grundstrukturen der künstlichen Lebensformen, mit denen alle künftigen Generationen leben werden« (Marsiske: Fluchtpunkt Autonomie, a. a. O., S. 6).

26 Im Gespräch mit: Süddeutsche Zeitung, 7.1.2014

27 Sein eigenes Labor versuche »universelle Problemlöser« zu bauen: »Roboter, die aktiv Einfluss nehmen, auf die Daten, die sie bekommen. Im Prinzip wissen wir sogar schon, wie wir kreative Maschinen bauen können, die nicht immer nur das tun, was ihnen die Lehrer sagen. Die stattdessen ihre eigenen Probleme wählen, und dabei immer raffinierter werden, weil sie herausfinden, welche Interaktionen mit der Welt welche Ergebnisse versprechen.«

hirn demnächst denken wird. Sehen wir uns als Teil dieses Prozesses. Helfen wir mit, die Entwicklung in vernünftige Bahnen zu lenken. Umarmen wir das Unvermeidliche.«[28]

Auch darüber, was geschehen würde, wenn eine superintelligente Maschine das Licht der Welt erblickte, gehen die Meinungen weit auseinander. Während manche das Tor zur Unsterblichkeit ab diesem Zeitpunkt weit geöffnet sehen, sagen andere voraus, die Vernichtung der menschlichen Gattung stünde auf der Tagesordnung der Evolution. Der Physiker Stephen Hawking befürchtet offenbar letzteres. Die biologische Evolution hinke der Entwicklung von lernfähigen Computern und Robotern weit hinterher. »Die Menschen können da bald nicht mehr konkurrieren und werden überholt. Wenn wir eine langfristige Zukunft als Menschen haben wollen«,[29] so der Wissenschaftler weiter, »müssen wir unseren Horizont erweitern und uns in den Weltraum ausbreiten, durchaus auch jenseits unseres eigenen Sonnensystems.«

Das passende Fahrzeug dafür könnte vielleicht von Elon Musk entwickelt werden. Der Gründer des Elektroautobauers *Tesla Motors* führt zudem ein Weltraumunternehmen und scheint dazu noch der gleichen Auffassung wie Hawking zu sein. »Künstliche Intelligenz kann gefährlicher als Atomwaffen sein«, so der Milliardär.[30] Er hoffe, dass die Menschen nicht nur das biologische Startprogramm für die digitale Superintelligenz seien.[31] Leider werde genau das immer wahrscheinlicher. Es drohe ein Szenario wie in James Camerons Science-Fiction-Film »Terminator«. Darin reißt eine künstliche Intelligenz (KI) namens Skynet die Macht an sich und versucht, die Menschheit zu vernichten.

---

28 Ebd.

29 FAZ, 4.12.2014

30 Huffington Post, 4.8.2014

31 Dies habe er nach der Lektüre von Nick Bostroms *Superintelligenz* aufgeregt getwittert (vgl. Alard von Kittlitz: Wie soll man denken, ohne zu leben? Der Mensch ist mehr als ein dysfunktionaler Computer: Nick Bostroms ziemlich dummer Traum von der künstlichen Intelligenz, in: Frankfurter Allgemeine Sonntagszeitung, 5.10.2014, S. 40).

Ideologie des Silicon Valley

Die meisten Anhänger hat der Gedanke der kommenden Roboterherrschaft bei Unternehmern, die wie Elon Musk mit einigem Erfolg versuchen, die Welt vom kalifornischen Silicon Valley aus mit digitalen Geschäftsideen zu erobern. Sie planen schwimmende Inselstaaten und die Besiedelung ferner Planeten, hoffen auf die Verschmelzung des Menschen mit der Maschine und träumen von der Unsterblichkeit in der Cloud. Der endgültige Sieg über Armut und Hunger steht in ihren Augen kurz bevor. Mit einer Kombination aus neuen Technologien und radikalem ökonomischem Wettbewerb werde sich jedes Menschheitsproblem lösen lassen. Die gesellschaftliche Aushandlung von Konflikten, das heißt: die Politik, erscheint im Zeichen einer künftigen Singularität dagegen als gänzlich überflüssig. Zu den wichtigsten Vordenkern dieser Techno-Ideologie gehört Peter Thiel, der schon im Dezember 2009 an der Universität Stanford einen Vortrag mit dem Titel *Singularität ist der einzige Weg* hielt.[32] Mit seinem *Founders Fund* unterstützte er das der Erforschung der Superintelligenz gewidmete *Singularity Institute*, die transhumanistische Organisation *Humanity+* sowie die der Umkehrung von Alterungsprozessen verschriebene *Methuselah Foundation*.[33] Mit Demokratie hat der Mitgründer des Unternehmens *PayPal* nicht mehr viel im Sinn. In seinem 2009 veröffentlichten Essay *Die Erziehung eines Libertären* schreibt er: »Zwischen Politik und Technologie wird ein Kampf auf Leben und Tod ausgetragen … Das Schicksal unserer Welt liegt vielleicht in den Händen eines einzelnen Menschen, der den Mechanismus der Freiheit erschafft oder verbreitet, den wir brauchen, um die Welt zu einem sicheren Ort für den Kapitalismus zu machen.«[34]

---

32 Vgl. Sascha Adamek: Die facebook-Falle. Wie das soziale Netzwerk unser Leben verkauft, München 2011, S. 318

33 Vgl. George Packer: Die Abwicklung. Eine innere Geschichte des neuen Amerika, Frankfurt a. M. 2014, S. 457

34 Peter Thiel: The Education of a Libertarian, 2009, zit. nach: George Packer: Die Abwicklung. Eine innere Geschichte des neuen Amerika, Frankfurt a. M. 2014, S. 453 f

Dort wo der High-Tech-Kapitalismus die rasantesten Fortschritte macht, gibt es deutliche Anzeichen dafür, dass sich das »gattungsethische Selbstverständnis« weiter in die von Habermas befürchtete Richtung verschiebt.[35] So wendet das US-Militär Milliardenbeträge »für die Entwicklung von ›ethischen‹ autonomen Robotersoldaten auf, die sich nach den Gesetzen der Kriegsführung verhalten.«[36] Zugleich ist ein beträchtlicher Teil der wissenschaftlich-technischen Eliten des militärisch mächtigsten Staates auf dem Globus davon überzeugt, dass der Mensch seinen Platz als Inhaber der Krone der Schöpfung noch zu ihren Lebzeiten, spätestens aber zum Ende dieses Jahrhunderts zugunsten intelligenter Roboter wird räumen müssen.

Warum Robokratie?

Die Beobachtung, dass Naturwissenschaftler und Techniker bei der Entwicklung und Propagierung potenziell hochgefährlicher Projekte wie der friedlichen und unfriedlichen Nutzung von Atomenergie erheblichen Einfluss hatten, ließ das Wort »Technokratie« zu einer bei kritischen Zeitgenossen beliebten Bezeichnung für undemokratische Positionen in Fragen der Steuerung der Produktivkraftentwicklung werden. Die Einsicht, dass das in großtechnologischen Projekten erarbeitete Wissen sich auch dazu eignet, eine Situation zu befördern, »in der die Menschheit sich selbst auszulöschen imstande ist«,[37] ließ den Philosophen Günther Anders über die »Antiquiertheit des Menschen«, so der Titel seines bekanntesten Buches, nachdenken. Für

---

35 »Die internationale Diskussion über ethische und rechtliche Fragen der Robotik (Roboethik und Robotikrecht) wird durch Japan, Südkorea und die Vereinigten Staaten dominiert. Bedeutend sind auch Beiträge aus Skandinavien, der Schweiz und Israel.« (Klaus Mainzer: Leben als Maschine? Von der Systembiologie zur Robotik und Künstlichen Intelligenz, Paderborn 2010, S. 239)

36 Ebd., S. 240

37 Günther Anders: Die Antiquiertheit des Menschen 1. Über die Seele im Zeitalter der zweiten industriellen Revolution, München 2010, S. IX

die Anhänger der Singularitätsideen ist die Selbstabschaffung des Menschen aber keine Schreckensvision mehr, sondern eine Zielvorstellung. Ihre Vision technologischer Machbarkeit zielt nicht mehr auf eine bessere Naturbeherrschung durch den Menschen für den Menschen, sondern auf die Ablösung der Gattung durch eine Zivilisation intelligenter Maschinenwesen. Um diese Entwicklung auf den Punkt zu bringen, habe ich mich dazu entschieden, für den Titel dieses Buches den Begriff »Technokratie« durch den der »Robokratie« zu ersetzen. Die eigentliche Gefahr, die uns droht, ist aber nicht die Machtübernahme der Roboter, sondern die Selbstaufgabe des Menschen. Befördert werden solche Ideen durch die ungeheure Wachstumsdynamik von High-Tech-Industrien und Internetwirtschaft, wie sie sich bislang am augenfälligsten im Silicon Valley gezeigt hat. Als kalifornische Ideologie haben die dort entwickelten ökonomischen Handlungskalküle und Vorstellungen von einer unbegrenzten technologischen Machbarkeit im Rahmen kapitalistischer Herrschaft begonnen, sich nahezu weltweit immer mehr durchzusetzen.

2.
Burning Man

Oder: die Wurzeln der kalifornischen Ideologie

»Wollen Sie den Rest Ihres Lebens Zuckerwasser verkaufen, oder wollen Sie eine Chance, die Welt zu verändern?« Mit diesen Worten soll Steve Jobs den Pepsi-Geschäftsführer John Scully davon überzeugt haben, seinen Job bei dem Getränkehersteller hinzuschmeißen und stattdessen bei *Apple* anzufangen.[38] Das war 1983. Als US-Präsident Barack Obama 2013 ein High-Tech-Unternehmen besuchte, soll sich ein Mitarbeiter anlässlich des hohen Besuchs mit folgenden Worten geweigert haben, seinen Arbeitsplatz zu verlassen: »Ich verändere mehr, als irgendjemand in der Regierung es jemals könnte«.[39] Falls diese Geschichten nicht stimmen sollten, wären sie jedenfalls gut erfunden. Denn sie fangen das herrschende Selbstverständnis im Silicon Valley in anekdotenhafter Form sehr gut ein. »Unsere Studenten überlegen sich, wie sie die Welt verändern können. Der zentrale Gedanke ist, einen Beitrag zu leisten«, sagte der in Stanford lehrende Physiker Fritz Prinz.[40] Und in der *New York Times* erschien 2014 eine ganzseitige Werbeanzeige für *Blackberry* mit der Arianna Huffington zugeschrie-

---

38 So schildert es ein Literaturwissenschaftler von der Universität Stanford. (Vgl. Robert Pogue Harrison: Verändere die Welt und macht sie flach!, in: FAZ, 12.08.2014, S.9)

39 Zit. nach: ebd.

40 Laut Wiener Zeitung, 22.10.2013

benen Aufforderung: »Nehme nicht nur deinen Platz an der Spitze der Welt ein. Verändere die Welt.«[41] Als das geeignete Mittel dazu gelten die sich rasant weiterentwickelnden Informationstechnologien.

Eine der spektakulärsten Manifestationen des Glaubens an deren unerschöpfliches Befreiungspotenzial kann jeden August in der Wüste Nevadas besichtigt werden. 2014 ließen sich 68.000 Teilnehmer durch rund 380 Dollar Eintritt, den unvermeidlichen Sandstürmen und den berüchtigten sanitären Zuständen nicht davon abbringen, auf dem legendären Burning-Man-Festival tagelang zu feiern, unverbindlichen Sex zu genießen und allerlei legale wie illegale Drogen zu konsumieren.[42] Sie zelebrierten einen Zukunftskult, in dem soziale und technische Schranken schon heute überwunden scheinen. »Hier kann ich tun, was in der Außenwelt verboten ist. Fast alles ist möglich«,[43] sagte ein Teilnehmer. Genau diese Mentalität ist es, die das Festival für Beschäftigte wie Bosse von Unternehmen wie *Google*, *Facebook*, *Twitter*, *Zynga* und *Uber* so anziehend macht. Manche Firmen geben ihrem Personal in dieser Zeit frei, einige organisieren Fahrten zum Festival. Viele Milliardäre und Risikokapitalgeber aus dem Silicon Valley lassen es sich nicht nehmen, persönlich anzureisen. »*Facebook*-Erfinder Mark Zuckerberg wirft sich ebenso selbstverständlich in den Staub wie Larry Page und Sergey Brin. Die *Google*-Gründer stellten Eric Schmidt, den heutigen Aufsichtsrats-Chef ihres Konzerns, vor allem wegen dessen Burner-Vergangenheit ein. Das Festival hinterfragt bestehende Gewissheiten und bricht permanent Regeln. Genau diese Mentalität suchen die Chefs.«[44] Von dem Milliardär Elon Musk ist die Äußerung überliefert: »Wer nie bei Burning Man war, der kapiert das Silicon Valley einfach nicht.«[45]

---

41 Zit. nach: Harrison, a.a.O.; Arianna Huffington ist Mitbegründerin und Chefredakteurin der *Huffington Post.*

42 1986 begann das Festival noch ganz bescheiden in San Francisco, als ein gewisser Larry Harvey zum ersten Mal einen hölzernen Mann auf dem Baker Beach verbrannte.

43 Handelsblatt, 4.9.2014

44 Ebd.

45 Ebd.

Die dort zelebrierte »kalifornische Ideologie«, wie die britischen Soziologen Richard Barbrook und Andy Cameron die eigentümliche Mischung aus freisinniger Experimentierlust, unkonventionellem Lebensstil, Computerbesessenheit und Unternehmertum schon Mitte der 1990er Jahre tauften,[46] hat Wurzeln zum einen in der Hippiekultur der 1960er Jahre, zum anderen im militärisch-industriellen Komplex, der seit den fünfziger Jahren im Silicon Valley einen wichtigen Stützpunkt hat. Die Region wurde zum Kapital-, Forschungs- und Strategiezentrum ausgebaut, weshalb sie seit Jahrzehnten einen für die USA überdurchschnittlich hohen Anteil an Arbeitsplätzen aufweist, für die ein wissenschaftliches Studium Voraussetzung ist.[47] Mit der privaten Universität Stanford beherbergt das Silicon Valley »die reichste, die naturwissenschaftlich-technisch leistungsfähigste, die politisch konservativste«[48] Bildungs- und Forschungseinrichtung der USA mit enger Anbindung an die High-Tech-Industrie und an Risikokapitalgeber.

Kybernetik und LSD: Das Internet als Katalog

Eine ganze Generation von Computertüftlern wurde in den 1970ern beeinflusst von den publizistischen Aktivitäten Steward Brands. Der von ihm und seiner Ehefrau, der Mathematikerin Lois Jennings, entwickelte *Whole Earth Catalog*[49] war von LSD-Erfahrungen, dem Stu-

46 Vgl. Richard Barbrook / Andy Cameron: Wiedergeburt der Moderne?, in: Telepolis, 5.2.1997

47 Weniger Qualifikation erfordernde Produktionsschritte wurden außerdem in minder entwickelte Gegenden der USA, Europas oder der sog. Dritten Welt ausgelagert. (Vgl. Werner Rügemer: Neue Technik – alte Gesellschaft. Silicon Valley: Mythos und Realität vom American Way of Technology, Berlin 1986, S. 28 f)

48 Ebd., S. 130. Daran hat sich bis heute nichts geändert.

49 Die Ausgabe von 1971 erschien in einer Millionenauflage. (Vgl. »Wir sind wie Götter und wir können genauso gut werden«. Die Hippies und der Cyberspace. Ein Radiofeature von Martina Groß, Deutschlandfunk, 25.11.2014)

dium fernöstlicher Philosophien, der Lektüre der kybernetischen Theorien eines Norbert Wieners und den utopischen Gesellschaftsentwürfen Buckminster Fullers inspiriert und sollte die damaligen Hippiekommunen publizistisch unterstützen. Ende der 1960er Jahre prallten in San Francisco und im Silicon Valley[50] eine jugendliche Subkultur und die Verfechter neuer Technologien, die zunächst vor allem ein Anhängsel der boomenden Rüstungskonzerne waren, heftig aufeinander. »Viele Anhänger der Gegenkultur betrachteten die Computer als unheilvoll und bedrückend im Orwell'schen Sinne, als Domäne des Pentagons und der Machtstruktur.«[51] Doch es gab auch Brücken. Die in der Hippiekultur verbreiteten Experimente mit synthetischen Drogen beförderten bei manchem »User« ein durchaus technisches Verhältnis zum eigenen Körper. Und die Vorstellung, als Computerbastler an einer technologischen Revolution teilzuhaben, die mehr Demokratie versprach, wurde umso verlockender, als der breite Strom politischen Protests radikaler Studenten und der Bürgerrechtsbewegung im Laufe der 1970er Jahre allmählich versiegte. Es entstand eine Kultur, zu der Elektronikfirmen, Mikrochip-Hersteller, Videospiel-Designer und Computerfirmen ebenso gehörten wie Gruppen, die die Wirkungen von LSD studierten sowie eine Meditations- und Selbstverwirklichungsszene, die sich für fernöstliche Religionen interessierte. »Diese Verschmelzung von Flower Power und Mikroprozessor, von Erleuchtung und Technologie wurde von Steve Jobs verkörpert, der morgens zunächst meditierte, dann Physikvorlesungen in Stanford besuchte und nachts bei *Atari* arbeitete und davon träumte, seine eigene Firma zu gründen.«[52] Der spätere *Apple*-Gründer[53] war ein Fan des 448 Seiten starken *Whole Earth Catalog*,

50 Das Silicon Valley ist ein Landstrich an der Pazifikküste, der etwa doppelt so groß ist wie das Saarland und auf dem ca. 2,5 Millionen Menschen leben.

51 Walter Isaacson: Steve Jobs. Die autorisierte Biografie des Apple-Gründers, München 2012, S. 80

52 Ebd., S. 79 f

53 Jobs stilisierte sich auch dann noch gerne als Angehöriger der Gegenkultur, als er längst zu beträchtlichem Reichtum gekommen war. So war die Markteinführung des *Macintosh*-Rechners 1983 begleitet von einer auf George

der 1971 mithilfe des *Portola Institute* zum ersten Mal erschien, »einer Stiftung, die dem damals noch ganz neuen Computerbereich gewidmet war. Die Stiftung unterstützte auch die Gründung der *People's Computer Company*, die keine Firma war, sondern ein Newsletter und eine Organisation mit dem Motto ›Computermacht dem Volke‹.«[54] In einer Rede vor Studierenden der Universität Stanford sagte Steve Jobs im Jahr 2005: »Als ich jung war, gab es ein großartiges Buch: den *Whole Earth Catalog*, das war eine Bibel meiner Generation, von einem Typen namens Stewart Brand in Menlo Park. Der hatte den Katalog herausgebracht – mit einer gewissen Poesie. Das war Ende der 60er, noch bevor es Personal Computer und Desktop Publishing gab. Alles entstand mit Hilfe von Schreibmaschine, Schere und Polaroids. Eine Art *Google* als Paperback, 35 Jahre vor *Google*. Es war ein idealistisches Projekt, prall gefüllt mit tollen Arbeitsmitteln und tollen Gedanken.«[55]

Das Erfolgsrezept des Magazins beruhte auf seiner kreativen Mitmachphilosophie. »Im Schnipsel-Layout versammelte Brand Rezepte, Produktbeschreibungen, Bastelanleitungen und Weltanschauungen. Trotz seines Namens war der *Whole Earth Catolog* kein Versandheft.

Orwells Roman *1984* anspielenden Werbekampagne, die das Rebellen-Image bis zum Äußersten strapazierte. Der Slogan »Warum 1984 nicht so wie *1984* sein wird«, wurde flankiert von einem Werbespot, in dem eine rebellische junge Frau auf der Flucht vor einer Orwell'schen Gedankenpolizei einen Vorschlaghammer gegen einen Großbildschirm schlägt, auf dem gerade eine Rede des Big Brother läuft. »Das Konzept fing den revolutionären Geist des neuen Computerzeitalters ein. Besonders junge Leute aus der alternativen Szene hatten Computer lange als etwas betrachtet, das von autoritären Regierungen und Firmenimperien als Gleichschaltungsinstrument benutzt werden konnte. Seit Ende der Siebziger sah man in ihnen allerdings auch ein Werkzeug zur individuellen Emanzipation. Der Werbespot erhob den *Macintosh* zum Kämpfer für die gute Sache – eine coole rebellische Firma, die sich als Einzige dem großen, bösen Unternehmensimperium in den Weg stellte, das im Begriff war, die Herrschaft über die Welt zu übernehmen und die totale Gedankenkontrolle auszuüben.« (Isaacson, a. a. O., S. 194)

54 Ebd., S. 82

55 Zit. nach: Groß: »Wir sind wie Götter …«, Deutschlandfunk, a. a. O.

Stattdessen versuchte Brand eine Form von Interaktivität zu finden und forderte die Leser auf, Besprechungen zu schreiben und für folgende Ausgaben des Katalogs einzusenden. Im *Whole Earth Catalog* setzte Brand die kybernetischen Theorien, so wie er sie bei Wiener und Fuller kennengelernt hatte, in die Praxis um, indem er sie für die Kommunen anwendbar machte. Gleichzeitig baute er in diesen Gemeinschaften die Technikskepsis deutlich ab, indem er sie mit Produkten und Ideen aus der militärischen und industriellen Forschung konfrontierte.«[56] Auf diese Weise wurde die Publikation zum »Ideengeber für Tools wie soziale Netzwerke und Suchmaschinen, die später das Internet strukturieren und zu dessen Siegeszug in den Privathaushalten beitragen werden. Andererseits bildet sich rund um den *Whole Earth Catalog* ein Netzwerk von Personen, die das ideologische Fundament des Silicon Valley bereiten sollten«.[57]

Die Ideale der Gegenkultur gingen in den 1980er Jahren eine eigentümliche Verbindung mit dem kapitalistischen Geist des freien Unternehmertums ein. Und das, obwohl der Computer bei den Hippies zunächst einen ausgesprochen schlechten Ruf genoss. Der Medienwissenschaftler Fred Turner erzählt: »Ende der neunziger hatte ich einen schweren Kulturschock. Ich hatte ein Buch geschrieben über den Umgang der Amerikaner mit dem Vietnam-Krieg. Und da standen Computer für alles, was in den USA während des Kalten Kriegs falsch lief. Computer verkörperten das Militär.«[58] Dann sei er nach Kalifornien umgezogen und entdeckte das Computermagazin *Wired*: »Und da stieß ich auf Stewart Brand, von dem ich immer dachte, er gehöre zur Gegenkultur und sei Kriegsgegner. Und der bewarb nun Computer als Werkzeuge gegenkultureller Veränderung. Ich dachte: Moment mal. Was ist denn hier los? Dann guckte ich *Wired* genauer durch und sah, viele der Autoren und Redakteure waren schon seit 30 Jahren zusammen.«

---

56 Nina Scholz: Nerds, Geeks und Piraten. Digital Natives in Kultur und Politik, Berlin 2014, S. 65

57 Ebd., S. 64

58 Zit. nach: Groß: »Wir sind wie Götter …«, Deutschlandfunk, a. a. O.

Staatsfeindschaft und Technologiegläubigkeit

Zwei Punkte sind es, die den gemeinsamen Nenner dieser auf den ersten Blick ideologisch weit auseinander liegenden Milieus der Hippies und der Unternehmer im Silicon Valley bilden: Ein ausgeprägtes Misstrauen gegenüber dem Staat und der Glaube, dass nicht Politik, sondern Technologie der wichtigste Hebel der Weltverbesserung sei. *Wired*-Mitgründer Kevin Kelly schildert die unterschiedlichen Wurzeln der heutigen kalifornischen Ideologie so: »Es gab den Glauben, dass Technologie eine bessere Welt schaffen könnte. Aber jeder hatte eine andere Vorstellung davon. Es gab die Gegenkultur, die Hippies, für die besser gerechter bedeutete. Für andere wie mich bedeutete es mehr Auswahl und mehr Möglichkeiten.«[59]

Einen Vorläufer des auf technische Lösungen statt auf Politik fokussierten Denkens sieht Fred Turner in dem Autor Buckminster Fuller. Er brachte »eine sehr technokratische Phantasie in die Gegenkultur, die besagte: Pass auf, die Regierung erledigt ihre Aufgaben nicht, also müssen wir industrielle Technik für die Aufgaben nutzen, die uns wichtig sind. Diese Haltung ist im Silicon Valley heute sehr verbreitet.«[60] Als ein Fan von Buckminster Fuller gibt sich beispielsweise Stewart Brand zu erkennen: »Ich war regelrecht gefesselt von Buckminster Fuller, der die Idee vertrat, dass man die Natur des Menschen nicht ändern könne. Wenn du aber menschliches Verhalten ändern willst, befasse dich nicht mit Politik, befasse dich mit Werkzeugen. Neue Werkzeuge schaffen neue Gewohnheiten. Und bessere Werkzeuge, bessere Gewohnheiten.«[61]

Viele Aktivisten der Gegenkultur sahen im Zusammenspiel von Computern und neuen elektronischen Medien eine Chance zur Etablierung neuer demokratischer Kommunikationsstrukturen an den etablierten Institutionen vorbei. Sie gründeten kollektive Computerclubs, Videogruppen und freie Radiostationen. Viele von ihnen sa-

59 Ebd.

60 Ebd.

61 Ebd.

hen nun nicht mehr Gewerkschaften, Parteien oder andere politische Organisationen als Motor des Fortschritts an, sondern hofften darauf, dass »die viel gepriesene Selbstorganisation schon langfristig das Beste für alle bewirken werde.«[62] Manche von ihnen bekamen gut bezahlte Jobs in den Medien-, Computer- und Telekommunikationsindustrien, die ihnen große Spielräume für die Entfaltung ihres kreativen Potenzials boten. Die Angehörigen dieser »digitalen Bohème« oder »kreativen Klasse« (Barbrook / Cameron), für die Arbeit ein Mittel der Selbstverwirklichung war, bildeten den privilegierten Teil der Beschäftigten der High-Tech-Industrie. Sie wurden eine Art digitaler Arbeiteraristokratie, die der Disziplin der Marktökonomie unterworfen war und zur gleichen Zeit die kreativen Arbeitsweisen des künstlerischen Hippietums fortzuführen bestrebt war. Viele von ihnen hofften, dass ihre egalitären gesellschaftlichen Ideale sich mit dem Siegeszug der neuen Informationstechnologien gleichsam automatisch durchsetzen würden.

In Reaktion darauf begann auch die politische Rechte sich zu modernisieren. Dem von der Linken angeschobenen Prozess gesellschaftlicher Liberalisierung begegneten Leute wie der republikanische Politiker Newt Gingrich mit der Forderung nach einer radikalen ökonomischen Liberalisierung, dem möglichst weitgehenden Rückzug des Staates aus den öffentlichen Angelegenheiten, allen voran der Wirtschaft. Im Silicon Valley begrüßten Rechte wie Linke eine technologischen Entwicklung, die nach ihrer Überzeugung die Macht und persönliche Freiheit des Individuums vergrößern und die des Staates radikal verringern würde. Der Technikglaube, so Barbrook und Cameron, schuf auf diese Weise die Grundlage für eine scheinbare Auflösung der Widersprüche zwischen Links und Rechts: »Vor allem der anti-staatliche Affekt stellt die Mittel bereit, radikale und reaktionäre Ideen über den technischen Fortschritt zu versöhnen. Während die Neue Linke die Regierung kritisiert, weil sie den militärisch-industriellen Komplex unterstützt, greift die Neue Rechte den Staat an, weil er

62 Florian Rötzer: Die kalifornische Ideologie – ein Phantom?, in: Telepolis, 12.8.1996

die spontane Ausbreitung neuer Technologien durch den Wettbewerb am Markt reguliert.«[63]

Zumeist wollen sie nicht wahrhaben, welche zentrale Rolle der Staat bei der Entstehung und für das Prosperieren der High-Tech-Industrie hatte und nach wie vor hat.[64] Bewässerungssysteme, Schnellstraßen, Schulen, Universitäten und andere infrastrukturelle Einrichtungen in Kalifornien sind nicht das Ergebnis frei waltender Marktkräfte, sondern das Resultat staatlicher Eingriffe, die mit Steuergeldern finanziert wurden. Das Fundament dieser Sorte von Planwirtschaft bildete der Verteidigungshaushalt, mit dem Flugzeuge gekauft, Raketen gebaut und elektronische Systeme entwickelt und die Halbleiter-Industrie angeschoben wurden.[65] Da die Nachfrage nach leistungsfähiger,

---

63 Richard Barbrook / Andy Cameron: Wiedergeburt der Moderne?, in: Telepolis, 5.2.1997. Vgl. auch Richard Barbrook: Imaginary Futures. From Thinking Machines to the Global Village, London 2007, S. 261 ff

64 Barbrook und Cameron erinnern daran, dass *IBM* den ersten programmierbaren digitalen Computer erst produzierte, als das Unternehmen während des Koreakriegs vom Pentagon dazu aufgefordert wurde: »Seitdem wurde die Entwicklung der aufeinanderfolgenden Computergenerationen direkt oder indirekt vom Verteidigungshaushalt der USA gefördert« (Barbrook / Cameron, a. a. O.)

65 Die Geschichte des Computers war von Beginn an eng mit der Entwicklung von Massenvernichtungswaffen verbunden: »Ohne den Elektronenrechner hätte es keine Wasserstoffbombe gegeben, und umgekehrt beschleunigte der Rüstungswettlauf den Bau des Von-Neumann-Computers.« (George Dyson: Turings Kathedrale. Die Ursprünge des digitalen Zeitalters, Berlin 2014, S. 10 f.) Einen gehörigen Schub bekam die Geschichte der Rechenmaschinen im Zweiten Weltkrieg in den USA, um die Zeit zur Erstellung von Flugbahntabellen für die Flugabwehr drastisch zu verringern. »Ein Mensch brauchte rund zwölf Stunden, um eine einzige Flugbahn zu berechnen, und man brauchte Hunderte von Flugbahnen, um eine Flugbahntabelle für jede denkbare Kombination aus Granate und Geschütz zu erstellen. Der elektromechanische Differentialanalysator des Ballistischen Forschungslabors … brauchte 10 oder 20 Minuten. Die Erstellung einer einzigen Flugbahntabelle beschäftigte ihn noch immer einen ganzen Monat lang. Selbst im Zweischichtbetrieb (und unter Hinzunahme eines zweiten Differentialanalysators) sah die Army kein Land.« (ebd., S. 109) Daher finanzierte das Militär die Entwicklung einer neuartigen Maschine, welche die erforderliche Rechenzeit von mehreren Monaten auf wenige Tage verringern sollte.

aber teurer Elektrotechnik in den 1950er Jahren in der zivilen Produktion und der Verwaltung vor dem Hintergrund weitaus billigerer Transistoren und Vakuumröhren noch nicht gegeben war, leistete das Militär eine zeitliche und finanzielle Überbrückungshilfe.[66] In den1950er Jahren siedelte sich der Rüstungskonzern *Lockheed Martin* im Silicon Valley an. In dieser Zeit wurden die Raumfahrtbehörde NASA und die zum Pentagon gehörende Forschungsbehörde ARPA (heute DARPA) gegründet. »Im DARPA-Modell geht die Rolle des Staates weit über die Finanzierung von Grundlagenforschung hinaus. Der Staat lenkt Ressourcen in bestimmte Bereiche und Richtungen, eröffnet neue Chancen und bringt öffentliche und private Akteure zusammen, die mit technologischen Entwicklungen zu tun haben, auch privates und öffentliches Wagniskapital, außerdem unterstützt er die Vermarktung.«[67] Die Schlüsselrolle der DARPA für den Boom der Computerbranche im Silicon Valley werde von Anhängern der Idee des freien Spiels der Marktkräfte im Kapitalismus gerne vergessen. »In den 1970er Jahren übernahm die DARPA bei der Herstellung von Computerchips die Kosten, die für die Umsetzung von Entwürfen in Prototypen anfielen, indem sie ein Labor an der University of Southern California finanzierte. Wer einen interessanten Entwurf für einen neuen Mikrochip besaß, konnte ihn in diesem Labor herstellen lassen. Dadurch erweiterte sich der Pool derjenigen, die schnellere und bessere Mikrochips entwarfen, beträchtlich.«[68] Auf dem ehemali-

66 Vgl. Rügemer, a.a.O., S. 112. »Eine gut zehnjährige staatlich-militärische Vorfinanzierung und Entwicklungsarbeit hat die zivilen Anwendungsmöglichkeiten erst eröffnet. Erst der Einbau der Halbleiter in die Computer hat die universelle Ausbreitung der Mikroelektronik in die Wege geleitet. Die Leistungsfähigkeit der neuen integrierten Schaltkreise ermöglichte den Bau kompakter, billiger Digital-Computer, die nun auch in größerem Stil für die Datenverarbeitung in zivilen Unternehmen einsetzbar wurden. Nun begann der zivile Aufstieg des Chip. Während das Pentagon 1965 noch 70 Prozent aller integrierten Schaltkreise kaufte, war sein Anteil im Jahre 1978 auf 7 Prozent gefallen.« (ebd., S. 113)

67 Mariana Mazzucato: Das Kapital des Staates. Eine andere Geschichte von Innovation und Wachstum, München 2014, S. 99

68 Ebd., S. 103

gen Militärstützpunkt Mofett Field unterhält die NASA bis heute ihr *Ames Research Center* mit Forschungslaboren von der Astrophysik über Robotik bis zu Bio- und Nanotechnologie sowie Hochleistungscomputern. Mit der zum CIA gehörenden Risikokapitalgesellschaft *In-Q-Tel*, so die *FAZ* (28.9.2012), greife die Regierung seit einiger Zeit direkt in das Start-up-Geschehen ein. Das 1999 gegründete Unternehmen habe in Hunderte neuere kleinere Firmen Beträge von meist zwischen einer und drei Millionen Dollar investiert.

Robotersklaven

Die andere Wahrheit, vor der die Ingenieure und Konzernlenker des Silicon Valley gerne die Augen verschließen, ist die, dass sich ihre innovativen Leistungen auch auf die Arbeit von wesentlich schlechter bezahlten Erntehelfern, Haushaltsbeschäftigten und anderen Servicekräften stützt. Zumeist sind es spanischsprachige Einwanderer oder die Nachfahren afrikanischer Sklaven. Da sie auch für soziale Fragen keine politischen, sondern nur technische Antworten für praktikabel halten, fanden die Visionäre des Silicon Valley, so Barbrook und Cameron, eine entsprechende technologische Lösung, um den gesellschaftlichen Widersprüchen zu begegnen: Intelligente Roboter sollen die Rolle der Arbeitssklaven und menschlichen Haushaltshilfen übernehmen. Die Armut würde damit nicht abgeschafft, aber sie wäre immerhin nicht mehr sichtbar.[69] »Programmiert zu gehorchen ohne zu fragen, wird das Künstliche Leben mit seinem unterwürfigen Status immer zufrieden sein. Kein Spartakus oder Toussain L'Ouverture wird jemals die Annehmlichkeiten dieser Herren von Robot-Sklaven bedrohen.«[70]

An dieser Stelle bietet es sich an, noch einmal einen Blick auf das eingangs bereits erwähnte Burning-Man-Festival zu werfen. In einem Punkt unterscheiden sich die Silicon-Valley-Milliardäre von den üb-

69 Barbrook / Cameron, a. a. O.

70 Richard Barbrook: Der heilige Cyborg, in: Telepolis, 10.9.1996

rigen Teilnehmern: Sie reisen mit dem Privatjet an und sondern sich vom Geschehen ab. In einem 100 Personen fassenden eigenen Camp bleiben die Konzernvorstände aus dem Valley, die Investoren und Hollywoodgrößen unter sich. Während unter den übrigen Teilnehmern ein egalitäres Ethos des Teilens vorherrscht und man für Geld außer Kaffee praktisch nichts kaufen kann, wollen die Superreichen und Berühmten auf ihren gewohnten Luxus nicht verzichten. Statt der nach kurzer Zeit verdreckten und unerträglich stinkenden Dixi-Klos benutzen sie sanitäre Einrichtungen, die es an Komfort nicht fehlen lassen. Statt mitgebrachter Dosenkost genießen sie Sushi, Hummer und Beef Tartare. Zudem lassen Sie sich von eigens für sie abgestelltem Personal, den sogenannten Sherpas, bedienen. Dafür müssen sie 25.000 Dollar berappen. Ein paar eingeflogene weibliche Models haben freien Eintritt, schreibt die *New York Times.* Das Gebaren der High-Tech-Mogule bringt eine vom gleich machenden Wüstensand kaschierte Wahrheit ans Licht. Die von den »Techies« beschworene und auf dem Burning-Man-Festival erlebte Gemeinschaft der Gleichen fußt auf Strukturen durchgreifender Ausbeutung. »Der fatale Irrtum der anarchistisch gesinnten Cyberkultur, der sie so ambivalent mit der wirtschaftlichen Macht verbindet, entstammt dem Glauben …, dass die Technik gleichzeitig und unmittelbar eine soziale Revolution mit sich bringe, und der Ignoranz der Tatsache, dass eben die Technik das wichtigste Produktionsmittel der Wirtschaft ist, die auf dem privaten Eigentum beruht.«[71]

71 Florian Rötzer, Telepolis, 12.8.1996

aufzurüsten, um schöner, immer gesund und unsterblich zu werden. Aber sie werden voraussichtlich ihre Intelligenz und ihre Körperkraft nicht beliebig steigern können, denn das wäre zu gefährlich. Es wird diesbezüglich klare Grenzen geben.«[74]

Als Zeitrahmen für die weitere Entwicklung schätzt Moravec: »Wenn wir die Größe unseres Nervensystems mit derjenigen von Computersystemen vergleichen und den Fortschritt in der Computertechnologie in Betracht ziehen, müssten wir eigentlich in drei, vier Jahrzehnten soweit sein, Roboter zu haben, die uns geistig ebenbürtig sind. Solche umfassend intelligenten Roboter werden für das biologische Leben potenziell zerstörerisch sein. Sie werden schließlich gescheiter, kräftiger und fruchtbarer als wir sein, an viel mehr Orten als wir überleben können. Sie könnten uns einfach verdrängen. Persönlich halte ich das nicht für eine unbedingt tragische Konsequenz. Denn ich sehe die Roboter als unsere natürlichen Kinder. Sie erben alles, was wir wissen. Sie sind nur einfach nicht auf die übliche, die traditionelle Art gezeugt. Statt unseres molekularen Erbguts vererben wir ihnen unseren Geist.«[75] Auf diese Weise, schrieb Moravec in einem drei Jahre später in deutscher Sprache erschienenen Buch, »werden sie die beste Chance der Menschheit auf eine langfristige Zukunft verkörpern. Doch wie bei biologischen Kindern werden wir vermutlich Vorkehrungen für einen sorglosen Ruhestand treffen können, bevor wir das Feld räumen müssen. Bekanntlich sind manche biologischen Kinder auch heute noch dazu zu bewegen, sich um ihre alten Eltern zu kümmern. Ähnlich ließen sich zahme Superintelligenzen entwickeln, denen der Wunsch und Wille eingepflanzt ist, uns zumindest eine Zeit lang zu schützen und zu erhalten. Solche Beziehungen verlangen Vorausplanung und sorgfältige Wartung.«[76] Für die Übergangszeit zur endgültigen Roboterherrschaft schwebt Moravec die allmähliche Verrentung der gesamten Bevölkerung mittels steuerfinanzierter staatlicher Sozialleistungen vor.

---

74 Ebd.

75 Ebd.

76 Hans Moravec: Computer übernehmen die Macht. Vom Siegeszug der künstlichen Intelligenz, Hamburg 1999, S. 29

»Bei allmählicher Absenkung des Rentenalters würde schließlich der größte Teil der Bevölkerung von diesen Geldern leben. Auf diese Weise könnte das Auslaufmodell Mensch einen langen, bequemen Ruhestand genießen, der am Ende schon mit der Geburt begönne.«[77]

Technologische Allmachtsphantasien

Der bekannteste Prophet einer künftigen Maschinenherrschaft ist der Erfinder, *Google*-Chef-Ingenieur und Bestsellerautor Ray Kurzweil. Er schreibt: »Ende der 2020er werden wir das menschliche Gehirn komplett erforscht haben, was uns ermöglichen wird, nichtbiologische Systeme zu erschaffen, welche dem Menschen an Komplexität und Raffinesse in nichts nachstehen – dies schließt auch emotionale Intelligenz mit ein.«[78] In der Singularität würde die biologische Existenz des Menschen so weit mit der Technik verschmelzen, dass es zwischen Mensch und Maschine keinen Unterschied mehr geben werde. Es handle sich um »den unausweichlichen nächsten Schritt«[79] der Evolution. »Sobald künstliche Intelligenz im menschlichen Hirn Fuß gefasst hat (was sich in Form von computerisierten Neuroimplantaten bereits abzeichnet), wird unsere (maschinelle) Hirnleistung exponentiell wachsen und sich jährlich mindestens verdoppeln. Da die biologische Kapazität beschränkt bleibt, wird letztlich der nichtbiologische Anteil unserer Intelligenz überwiegen.«[80] Nun würden »Maschinen fähig werden, nach Menschenart (nur viel schneller) Technik zu entwickeln und umzusetzen«.[81] Die Maschinenintelligenz werde ihre eigenen Fähigkeiten »in einer rückgekoppelten Endlosschleife dermaßen verbessern, dass nicht unterstütztes menschliches Denken nicht mehr mithalten kann.«[82] Da

77 Ebd., S. 208

78 Ray Kurzweil: Menschheit 2.0. Die Singularität naht, Berlin 2013, S. 387

79 Ebd., S. 398

80 Ebd., S. 29

81 Ebd., S. 27

82 Ebd., S. 28 f

sie schließlich wie eine Computersoftware auf immer neue Datenträger überspielt werden könne, erreiche menschliche Intelligenz auf diese Weise die Unsterblichkeit. »Indem wir also unsere Biologie immer mehr ablegen und computerähnlicher werden und mit unseren Computern verbinden, bis schließlich der Computeranteil unserer Intelligenz eine Milliarde mal leistungsstärker sein wird als ihr biologischer Anteil«, so Kurzweil, »werden wir dieselben Fähigkeiten besitzen. Wir werden unsere Intelligenz verschmelzen und uns wieder trennen können, genauso wie es Computer heute tun. Wenn wir tiefer in das Bewusstsein eines anderen Menschen eindringen können, indem wir unser Denken mit seinem auf intimste Weise, mit Hilfe nichtbiologischer Intelligenz, verbinden, so wird sich das sehr positiv auf das Mitgefühl und das gegenseitige Verständnis auswirken.«[83] Die Technik werde die Feinheit und Eleganz der höchsten menschlichen Fähigkeiten erreichen und schließlich in den Schatten stellen.[84]

Kurzweils Vorhersagen gründen auf der Annahme, dass sich die Komplexität der Computerchips wie in den vergangenen Jahren etwa alle anderthalb bis zwei Jahre verdoppeln werde. Diese Regel ist unter der Bezeichnung »Mooresches Gesetz« bekannt. Der Elektronikpionier Gordon Moore hatte in den 1960er Jahren eine entsprechende Prognose abgegeben, die sich bis heute erfüllt hat.

Für die unmittelbar bevorstehende Zukunft sieht Kurzweil voraus, dass sich das Tempo des wissenschaftlichen Fortschritts in den Bereichen Genforschung, Nanotechnologie, künstlicher Intelligenz und Robotik überschlagen wird. Einer transbiologischen Phase, in der nichtbiologische Intelligenz noch tief in biologischer Intelligenz verwurzelt sei, folge eine postbiologische, in der das Universum erobert werden könne. Im Verlauf des nächsten Jahrhunderts werde es gelingen, »das Sonnensystem mit selbstreplizierender, nichtbiologischer Intelligenz zu erfüllen«.[85] Schließlich werde die von Menschen erschaffene Intelligenz das gesamte Weltall durchdringen. »Das ist die Bestimmung des

83 Im Gespräch mit: FAZ, 23.2.2008.

84 Kurzweil, a. a. O., S. 10

85 Ebd., S. 383

Universums. Dann werden wir selbst anstelle der ›dummen‹, simplen, maschinenhaften Kräfte der Himmelsmechanik über unser Fortbestehen entscheiden.«[86]

Letztlich geht es um die Gottwerdung des Menschen mittels Technologie. »Wenn wir die gesamte Materie und Energie des Weltalls mit unserer Intelligenz gesättigt haben, wird das Universum erwachen, bewusst werden – und über fantastische Intelligenz verfügen. Das kommt, denke ich, Gott schon ziemlich nahe.«[87] Spätestens mit diesen Äußerungen wird klar, wobei es sich bei dem vermeintlich auf rein wissenschaftlicher Erkenntnis fußenden Idee der Singularität in Wirklichkeit handelt: um die Leitidee einer neuartigen Bewegung mit religiösen Zügen. Kurzweil hofft, mit Hilfe eines selbst verordneten Pillencocktails die Zeit zu überbrücken, bis die Überwindung des Todes auf technologischem Wege gelingt. Er schreibt: »Durch aggressive Anwendung unseres jetzigen Wissens können Alterungsprozesse stark verlangsamt werden, so dass wir fit bleiben, bis bessere Methoden zur Lebensverlängerung durch Bio- und Nanotechnik verfügbar werden. … Aus diesem Grund setze ich alles daran, meine eigene Biochemie zu programmieren, und habe sie bereits vollkommen verändert.«[88] Das Handeln des Sohns von Holocaust-Flüchtlingen gründet auf Größenphantasien, die Friedrich Nietzsches Übermenschen weit hinter sich

86 Ebd., S. 30

87 Ebd., S. 385

88 Ebd., S. 381. Weniger optimistisch bzgl. einer Unsterblichkeit gibt sich der ebenfalls auf eine Verschmelzung von Mensch und Maschine hin arbeitende Robotiker Rodney Brooks. In dieser Beziehung distanziert er sich von Moravec: »Moravec und Kurzweil halten Moores Gesetz für den kritischen Faktor, der unser Verhältnis zu den Maschinen ändern wird. Sie weisen zu Recht darauf hin, dass, ganz gleich wie viel Rechnerleistung man dem Menschen zuschreibt, sie bald von der eines Desktops überboten werden wird. Nach ihrer Ansicht werden daher Computer und Roboter in Kürze über eine Rechnerleistung verfügen, die der des menschlichen Organismus entspricht. Das ist vielleicht ein wenig optimistisch. Beide Wissenschaftler haben zwar in den letzten 30 Jahren über künstliche Intelligenz geforscht, aber keiner von ihnen ist in der Lage, genau zu beschreiben, welche neuen Einsichten jenseits der bloßen Rechnerleistung erforderlich wären, um eine Gleichwertigkeit mit der menschlichen Intelligenz zu erreichen.« (Brooks, a. a. O., S. 224)

lassen.[89] Für Kurzweil allerdings sind es die Gegner einer durch die Dynamik kapitalistischer Konkurrenz angetriebenen Technologieentwicklung, deren Denken Gefahr läuft, in eine undemokratische Schieflage zu geraten. Vorschläge von Umweltschützern, die etwa darauf hinausliefen, auf eine größere Techniksparte zu verzichten, könnten nur durch eine totalitäre Regierung realisiert werden, »die jegliche technische Entwicklung verbietet. Nicht nur wäre eine solche Lösung unvereinbar mit unseren demokratischen Werten, die technische Entwicklung würde sich dadurch außerdem zum Vorteil verantwortungsloser Akteure (beispielsweise Schurkenstaaten) in den Untergrund verlagern.«[90] Maßnahmen gegen die gentechnologische Veränderung von Nahrungsmitteln oder menschlichem Erbgut, die er auf einen »Fundamentalhumanismus«[91] zurückführt, verschlimmerten Hungersnöte in Afrika[92] und vergrößerten somit die menschliche Not.[93]

Der Informatiker Raúl Rojas begegnete 2011 einer Reihe von Vertretern der Singulariätsbewegung auf einer Tagung über Zukunftsentwicklungen in Brüssel. »Sie bestand zu einem Drittel aus Wissenschaftlern, einem Drittel Internetmagnaten und einem Drittel Singularians. Die zweite Gruppe von Diskutanten trifft man immer häufiger: Wer früh eine Million im Internet verdient hat, darf über alles reden, womöglich sogar über Kernphysik, auch wenn das eigene Webportal nur Schuhe vertreibt. Die Singularians haben aber die Konferenz eindeutig dominiert: Dort, wo Fachleute widerstrebend etwas über die nächs-

89 Kurzweil schließt ausdrücklich an Nietzsche an: »Der Mensch ist ein Seil, geknüpft zwischen Tier und Übermensch – ein Seil über einem Abgrunde«, zitiert er den Philosophen, und fährt fort: »Der heutige Mensch, so kann man Nietzsche interpretieren, hat sich bereits über andere Tiere hinaus entwickelt und strebt danach, zu etwas noch viel Größerem zu werden.« (Kurzweil, a. a. O., S. 383)

90 Kurzweil, a. a. O., S. 407

91 Ebd., S. 488

92 Ebd., S. 418 f

93 Kurzweil meint, »dass wir keine Experimente machen dürfen, wenn es um Existenzbedrohungen geht.« (Kurzweil, a. a. O., S. 415) Wobei er nicht den Einsatz von Technik mit potenziell gefährlichen Nebenfolgen als existenzbedrohend versteht, sondern den Verzicht auf ihren Einsatz.

ten zehn Jahre zu sagen wagen, überschlagen sich die Singularians mit Ankündigungen: Bis 2060 z. B. werden Computer viel intelligenter als Menschen sein, Nanotechnologie wird synthetische Biologie erlauben, wir werden menschliche Organe mit dem 3D-Drucker anfertigen können, Nanobots werden unseren Körper ständig reparieren, und wir werden unser Bewusstsein auf Roboter ›uploaden‹ können. Der Tod wird gleich doppelt besiegt: Durch die Nanobot-Medizin werden wir nicht mehr altern; für den Fall der Fälle werden jedoch robotische Avatare bereitstehen unsere Gehirn-Software aufzunehmen, so dass wir in einem eisernen Körper weiterleben können. Je länger der Abend und abenteuerlicher die Vorhersagen, desto mehr Beifall gab es vom Publikum«, so Rojas.[94]

Zu den Propheten dieser sich auf waghalsige Berechnungen stützenden neuen Erlösungsbotschaft gehört auch der Physiker Frank J. Tipler: »Die Toten werden auferstehen, sobald die Leistungsfähigkeit aller Computer im Universum so groß ist, dass die zur Speicherung aller möglichen menschlichen Simulationen erforderliche Kapazität nur noch einen unbedeutenden Bruchteil der Gesamtkapazität darstellt.«[95]

Dem britischen Soziologen Richard Barbrook war der religiöse Charakter des unter KI-Entwicklern und Robotikern verbreiteten Glaubens an den technologischen Fortschritt schon in den 1990er Jahren aufgefallen. Es handele sich dabei nicht um eine Fantasie von Außenseitern, sondern »um eine der populärsten Manifestationen des zeitgenössischen Mystizismus«, schreibt er in dem Aufsatz *Der heilige Cyborg*: »Wie im Neuen Testament wird der Geist zu Materie. Doch wird der neue Heiland nicht menschliche Gestalt annehmen. Statt-

94 In: Telepolis, 13.12.2012. Dem Soziologen Hans Jürgen Krysmanski zufolge besteht der typische Umgang von Superreichen mit den Wissenschaften darin, »sich durch Förderung der medizinischen Forschung biologische, durch Förderung bestimmter Technologien monetäre und durch Förderung bestimmter Geistes- und Sozialwissenschaftler ideologische Vorteile zu verschaffen. Und dann gibt es ja noch superteure Varianten der Hobbyforschung« (Hans Jürgen Krysmanski: 0,1 %. Das Imperium der Milliardäre, Frankfurt a. M. 2012, S. 242).

95 Frank J. Tipler: Die Physik der Unsterblichkeit. Moderne Kosmologie, Gott und die Auferstehung der Toten, München 2007, S. 279

dessen wird sich, im Zeitalter der Netze und PCs, der Menschengott aus Silizium, Plastik und Metall heraus entwickeln.«[96] Der von scheinbar dem Fortschritt verschriebenen Technikern betriebene Kult des künstlichen Lebens lasse eine Reihe von »Uraltmythen in Form von SF-Monstern« wieder auferstehen. Dazu zählt er die patriarchalische Wunschvorstellung, Leben ohne Mitwirkung von Frauen zu erzeugen. In letzterem erkannte auch Joseph Weizenbaum »eine Verachtung gegenüber dem biologischen Leben.«[97] Weit verbreitet sind solche Ideen heute im Silicon Valley. »Für viele der einflussreichsten Technologieentwickler sind sie Leitlinien, nicht bloß amüsante Tagträumereien«, schreibt Jaron Lanier.[98] Er meint: »Solche Phantasien treiben viele – ich würde sogar sagen, die meisten – erfolgreichen jungen Unternehmer im Silicon Valley an. Und der ungeheure Auftrieb, den man durch die Gründung eines netzbasierten Unternehmens erhält, das in wenigen Jahren riesig sein wird, ist der Vorbote der eigentlichen umwälzenden Entwicklung, die ebenfalls bald ins Haus steht. Schon binnen kurzem werden Hacker dank ihrer technologischen Fähigkeiten nicht nur unsterblich sein, sondern unsterbliche Superhelden werden.« Lanier warnt: »Den meisten Außenstehenden ist entgangen, dass der Aufstieg der netzbasierten Monopole und ihre derzeitige Machtposition mit einer neuen Form der Religion zusammenfällt, die auf dem Streben nach Unsterblichkeit basiert.«[99]

---

96 Telepolis, 10.9.1996

97 Joseph Weizenbaum: Computermacht und Gesellschaft, Frankfurt a.M. 2001, S. 52

98 Jaron Lanier: Wem gehört die Zukunft? Hamburg 2013, S. 256

99 »Für diese Art von Religiosität«, spekuliert Jaron Lanier (Die Welt, 11.10.2014), »gibt es einen ganz speziellen Grund und der liegt in der Lebensgeschichte von Alan Turing, in der Geschichte, wie er als homosexueller Computerpionier den Enigma-Code knackte und gefoltert wurde und sich schließlich umbrachte. Turing hat das intellektuelle Konzept von künstlicher Intelligenz erfunden. Er hat, denke ich, versucht, eine Welt zu erschaffen, die jenseits der Probleme von Identität, Sexualität, Beurteiltwerden durch Andere liegt. Er wollte eine reine, eine platonische Art des Seins schaffen. Wenn man seine Aufzeichnungen liest, versteht man den kulturphilosophischen Hintergrund von künstlicher Intelligenz«, so Lanier.

Der Autorin und IT-Unternehmerin Yvonne Hofstetter[100] bereitet es erhebliche Sorgen, dass mit »den zunehmenden Aktivitäten *Googles* auf dem Gebiet der künstlichen Intelligenz in seinen Geheimlabors« Milliardenbeträge in die Erforschung von Cyborgs fließen, »die die natürliche Evolution Geschichte werden lassen sollen.«[101] Dass die Firmengründer Ray Kurzweil »die Plattform geben, seine Visionen zu verwirklichen«, befürchtet auch der Publizist Christian Schwägerl.[102] Und Christoph Keese hält fest: »Die massiven Investitionen des Konzerns in Biotechnologie, Genetik, Pharmazeutik, Robotik, Nanotechnologie und benachbarte Felder folgen genau der Vision, die Ray Kurzweil aufgezeigt hat. Man muss kein Verschwörungstheoretiker sein, um diesen Zusammenhang zu erkennen.«[103] Nacheinander erschließe der Konzern schon jetzt die Bereiche Orientierung (*Google Search* und *Google Maps*), Gedächtnisergänzung (*Gmail* und *Picasa*), erweiterte Realität (*Google Glass* und *Google Lens*), künstliche Intelligenz, Robotik[104] und Lebensverlängerung[105]. Jetzt fehlten nur noch die Erweiterung der Ge-

---

100 Im Hauptberuf leitet die KI- und Big-Data-Expertin das Unternehmen *Teramark Technnologies.*

101 Yvonne Hofstetter: Sie wissen alles. Wie intelligente Maschinen in unser Leben eindringen und warum wir für unsere Freiheit kämpfen müssen, München 2014, S. 310

102 Christian Schwägerl: Die analoge Revolution. Wenn Technik lebendig wird und die Natur mit dem Internet verschmilzt, München 2014, S. 70 f. Er ist überzeugt, dass unser Alltag schon heute »in beängstigender Weise der Kurzweil-Ideologie« folgt (ebd. 76) und warnt: »Wir könnten, wenn die Öffentlichkeit weiter müde und matt bleibt, in Europa ins Bett gehen und in Googlonia wieder aufwachen.« (ebd.)

103 Christoph Keese: Silicon Valley. Was aus dem mächtigsten Tal der Welt auf uns zukommt. Knaus, München 2014, S. 266

104 Durch den Zukauf einer Reihe von Unternehmen seit 2012 wurde *Google* zum weltweit größten Roboterhersteller.

105 Durch die Gründung des Unternehmens *California Life Company* (*Calico*). Dadurch werden schon begonnene Forschungen in *Googles* Forschungsabteilung *Google X* erheblich erweitert. »Beides zusammen, *Google X* und *Calico*, sehen sie als Weltverbesserungsprojekt, das für sie den Charme hat, praktisch in keiner Kultur der Welt mehr abgelehnt zu werden«, urteilt die FAZ (31.10.2014). In diesem Zusammenhang ist erwähnenswert, dass

hirnleistung durch das Implantieren von Bausteinen künstlicher Intelligenz sowie das Hochladen des Geistes in die Cloud und der von Kurzweil vorgezeichnete Weg in die Singularität wäre an seinem Ziel angelangt.[106]

Exkurs 1
Der Hintergrundrhythmus der Digitalwirtschaft Das Mooresche Gesetz und der Wettlauf um die Steigerung der Rechenleistung von Computern

Bei »Moore's law« handelt es sich nicht um ein allgemeingültiges Gesetz, sondern um eine Regel, die aus der bisherigen Geschichte der Computerentwicklung gewonnen und in die Zukunft verlängert wird. Sie besagt, dass sich die Rechenkapazität von Computern ungefähr alle 18 Monate verdoppelt. Gordon Moore, einer der Gründer der Firma *Intel*, arbeitete bei *Fairchild Semiconductor*, als er diese Regel 1965 zum ersten Mal in dem Artikel »Immer mehr Komponenten in integrierte Schaltkreise quetschen«[107] für die Zeitschrift *Electronics* postulierte.[108]

Er hatte erkannt, dass man 1963 doppelt so viel Rechnerleistung für einen Dollar kaufen konnte wie 1962, 1964 wieder das Doppelte und 1965 erneut das Doppelte. Dies, so schätzte er, würde noch

---

Facebook-Mitgründer Mark Zuckerberg und Sergey Brin, Mitgründer von *Google*, 2013 »zusammen mit einigen anderen prominenten Vertretern der Technologiebranche einen Preis in Leben gerufen [haben], der Forschungsleistungen für die Lebensverlängerung würdigt«, so die FAZ (25.10.2014).

106 Vgl. Keese, a. a. O., S. 266

107 Gordon E. Moore: Cramming More Components onto Integrated Cicuits, in: Electronics 38, Nr. 8, 19.4.1965, S. 114-117

108 Darin heißt es: »Die Komplexität hat sich mit minimalen Komponentenkosten etwa um den Faktor zwei pro Jahr erhöht. … Das dürfte sich zumindest kurzfristig fortsetzen, wenn nicht gar steigern. Auf längere Sicht ist die Zuwachsrate nicht ganz so gewiss, obschon es keinen Grund zu der Annahme gibt, dass sie nicht mindestens zehn Jahre lang mehr oder minder konstant bleibt.« (Zit. nach: Brynjolfsson / McAfee, a. a. O., S. 54 f)

mindestens zehn Jahre lang in etwa so bleiben. 1975 vermutete er, würden Chips mehr als 500-mal so leistungsfähig sein wie 1965. »Wie sich jedoch herausstellen sollte, war Moores größter Fehler, dass er zu konservativ schätzte. Sein ›Gesetz‹ behielt erstaunlicherweise nicht nur ein Jahrzehnt, sondern über vier Jahrzehnte lang Gültigkeit und erwies sich auch als zutreffend für den digitalen Fortschritt in anderen Bereichen als integrierten Schaltkreisen«, schreiben die Ökonomen Eric Brynjolfsson und Andrew McAfee vom *MIT Center for Digital Business.*[109] Nach wie vor verläuft die Steigerung der Rechnerleistung in einer Kurve exponentiellen Wachstums. Das betrifft die Chip-Dichte, die Prozessorengeschwindigkeit, die Speicherkapazität, die Energieeffizienz und die Download-Geschwindigkeit. Für Brynjolfsson und McAfee ist das Mooresche Gesetz im Computerzeitalter der stetige »Hintergrundrhythmus der Wirtschaft«.[110] Am Beispiel des Supercomputers *ASCI Red*,[111] der bei seiner Einführung im Jahr 1996 der schnellste Rechner der Welt war, veranschaulichen sie die kaum noch vorstellbare Geschwindigkeit der Leistungssteigerung. »Seine Entwicklung verschlang 55 Millionen US-Dollar und seine 100 Schränke beanspruchten eine Fläche von knapp 150 Quadratmetern (80 Prozent eines Tennisplatzes) in den *Sandia National Laboratories* in New Mexico. Der *ASCI Red* war für rechenintensive Aufgaben wie die Simulation von Atomtests konzipiert worden und kam als erster Computer bei einem Standard-Benchmark-Test für Rechengeschwindigkeit auf Werte über einem Teraflop – einer Billion Floating Point Operations (Fließkommaoperationen) pro Sekunde. Um solche Geschwindigkeiten zu erreichen, brauchte er 800 Kilowatt pro Stunde, so viel wie 800 Haushalte. 1997 hatte er 1,8 Teraflop erreicht.«[112] Doch einmal mehr kam es zum sprichwörtlichen Quantensprung: »Neun Jahre später knackte ein anderer Rechner die 1,8 Teraflop-Marke. Er

109 Ebd., S. 55

110 Ebd., S. 57

111 Er war das erste Produkt der *Accelerated Strategic Computing Initiative* der US-Regierung.

112 Brynjolfsson / McAffe, a. a. O., S. 65

simulierte aber keine Atomexplosionen, sondern zeichnete sie – und andere komplexe Grafiken in all ihrer realistischen, dreidimensionalen Echtzeitsprache. Und das tat er nicht etwa für Physiker, sondern für Videospieler. Dieser Computer war nämlich die *Sony PlayStation 3*, die ganz ähnliche Leistungen brachte wie der *ASCI Red*, doch nur rund 500 US-Dollar kostete, nicht einmal ein Zehntel Quadratmeter Platz beanspruchte und etwa 200 Watt verbrauchte. In kaum zehn Jahren hatte der exponentielle digitale Fortschritt Rechnerleistung im Teraflop-Bereich aus einer einzigen staatlichen Forschungsreinrichtung in die Wohnzimmer und Studentenheime der ganzen Welt gebracht. Von der *PlayStation 3* wurden rund 64 Millionen Stück verkauft. Der *ASCI Red* wurde 2006 außer Dienst gestellt.«[113]

Außerordentlich beflügelt hat diese Art des Umschlags von Quantität in Qualität, den das das Mooresche Gesetz beschreibt, die Anhänger der Singularitätsidee, allen voran Ray Kurzweil, der aus dem exponentiellen Wachstum im Bereich der Computertechnik ein Prinzip kontinuierlicher Beschleunigung des technischen Fortschritts ableitete, das er das »Gesetz vom steigenden Ertragszuwachs« (law of accelerating returns) nennt. »Die Singularität ist eine unausweichliche Folge des Gesetzes vom steigenden Ertragszuwachs«, behauptet Kurzweil.[114]

Die Strukturen der heute verwendeten Mikrochips werden bereits auf der Ebene von einzelnen Atomen erzeugt. Daher sind die physikalischen Grenzen der Weiterentwicklung üblicher Computer bereits in Sicht. Die Singularisten setzen daher auf andere Trägermaterialien bzw. neue Verfahren zur weiteren Steigerung von Rechnerleistungen. »Welche Technologie dann folgt, ist im Moment noch schwer vorherzusehen. Vermutlich werden sich Technologien durchsetzen, die nicht mehr auf den Regeln der klassischen Elektronik aufbauen, sondern Quanteneffekte nutzen«, spekuliert der Physiker Bernd Vowinkel.[115]

Sicher ist: Wissenschaftler denken seit Jahren fieberhaft über die Entwicklung von technischen Lösungen nach. Sie wollen »völlig neue

113 Ebd.

114 Kurzweil, a. a. O., S. 36

115 Bernd Vowinkel: Maschinen mit Bewusstsein, Weinheim 2006, S. 96

Bauprinzipien (›Architekturen‹) erproben, die Nanotechnik so weit treiben, dass man einen Chip Atom für Atom aufbauen kann; andere Techniken der Informationsverarbeitung perfektionieren, insbesondere den Quantencomputer und den Biocomputer.«[116] Die Erforschung und Entwicklung neuartiger Computersysteme wird von Staaten und Konzernen mit Hochdruck vorangetrieben. Seit mehr als 15 Jahren forschen weltweit Dutzende von Wissenschaftlerteams an Rechnern, die auf quantenmechanischer Basis arbeiten sollen.[117] Die Nase vorn haben dabei Entwicklungslabore in den USA sowie Projekte, die von der EU und der Schweizer Regierung finanziert werden.

Das Unternehmen *D-Wave* verkauft bereits Rechner, von denen es behauptet, dass sie auf Basis der Quantentechnologie arbeiten. 2011 sind neben dem *Amazon*-Gründer Jeff Bezos auch der Rüstungskonzern *Lockheed Martin* sowie *In-Q-Tel*, der Forschungsableger der CIA, als Investoren in das Projekt eingestiegen. Geliefert hat *D-Wave* seine Rechner an *Google*, die Weltraumbehörde NASA und den Rüstungskonzern *Lockheed Martin*. *Google* geht es um die Entwicklung von Algorithmen, mit denen bestimmte Informationen noch schneller aus einer großen Datenbank gewonnen werden können. Die NASA erhofft sich Hilfe bei der Suche nach Planeten, die sich außerhalb unseres Sonnen-

116 Mark Fischetti: Alternativen zum Silizium, in: Spektrum der Wissenschaft Spezial / Die neue Computer-Ära (3/2013), S. 7

117 Während die kleinsten Bestandteile (Bits) bei den bislang gebräuchlichen Computern jeweils den Zustand null oder eins einnehmen, haben Quantenbits (kurz: Qubits) die Eigenschaft, zugleich in mehreren Zuständen zu existieren. Dank dieser sogenannten quantenmechanischen Überlagerungszustände sollen die neuartigen Maschinen um ein Vielfaches schneller rechnen können. »Wenn man jetzt zum Beispiel eine Zahl in ihre Primfaktoren zerlegen will, angenommen diese Zahl hätte 130 Stellen, bräuchte ein hoch parallel arbeitender Quantenrechner dafür rund zehn Millionen mal weniger Rechenschritte als ein heutiger Supercomputer. Und bei noch größeren Zahlen, da wäre der Quantenrechner sogar billionenfach schneller«, so der Wissenschaftsjournalist Ralf Krauter im *Deutschlandfunk* (3.1.2014). Der physikalische Vorgang selbst ist auch für Experten bis heute schwer zu begreifen. »Wenn du denkst, du verstehst die Quantenmechanik, verstehst du sie nicht«, meinte der 1988 verstorbene Physiker und Nobelpreisträger Richard Feynman, ausgewiesener Experte auf diesem Forschungsgebiet.

systems befinden. Und *Lockheed Martin* beabsichtigt, den 24 Millionen Zeilen langen Code eines neuen Kampfjets zu optimieren. Anfang 2014 wollten *Google* und die US-Weltraumbehörde auf dem NASA-Campus (*NASA Ames Research Center*, Moffett Airfield) in Kalifornien erstmals erproben, ob ihr bereits im Sommer 2013 installierter Quantenrechner praktische Aufgaben lösen kann.[118]

Ob das von *D-Wave* entwickelte Gerät tatsächlich so funktioniert, wie behauptet wird, ist unter Experten allerdings umstritten. So sagte der Informatiker Scott Aaronson vom *Massachusetts Institute of Technology* dem *Spiegel* (Nr. 35/2013), es gebe »nur extrem indirekte Beweise«, dass die *D-Wave*-Prozessoren überhaupt quantenmechanisch funktionieren. Dabei ist zu beachten, dass die verschiedenen Forscherteams um finanzielle Mittel und wissenschaftliche Reputation miteinander konkurrieren. Man wird darauf bedacht sein, die eigenen Fortschritte nicht unter den Scheffel zu stellen, die der Kollegen aber möglichst herunterzuspielen. Überhaupt kein Interesse am Bekanntwerden von Details dürften hingegen die Rüstungsindustrie und die Geheimdienste haben. Für letztere sind Quantencomputer vor allem deshalb interessant, weil herkömmliche Rechner strukturell überfordert sind, wenn es darum geht, die Codes aufzuschließen, mit denen heutige E-Mails oder Banktransaktionen verschlüsselt werden. »Das liegt daran, dass die Zahl der dafür nötigen Rechenschritte bei konventionellen Rechnern eben exponentiell steigt, je größer die Zahl wird, die man zerlegen will. Das heißt, wenn der geheime Schlüssel lang genug ist, dann ist die Chance, den zu knacken, praktisch gleich null, beziehungsweise bräuchte man Jahre dafür, und das macht die Sache dann für praktische Anwendungen uninteressant«, erläuterte der Wissenschaftsjournalist Ralf Krauter.[119] Zwar ließe sich dann wiederum auch ein Quantencomputer zur Verschlüsselung einsetzen. »Aber wahrschein-

---

118 Im September 2014 gab *Google* bekannt, man wolle zusammen mit John Martinis von der University of California in einem gemeinsamen Labor eine eigene Quanten-Hardware entwickeln. »Martinis gilt in Fachkreisen als weltweit führend bei der Herstellung von supraleitenden Quanten-Schaltkreisen«, so Christian J. Meier in der *Technology Review* (12/2014, S. 71).

119 In: Deutschlandfunk, 3.1.2014

lich werden die überaus teuren Superrechner nur bei einer Handvoll Organisationen und Unternehmen stehen. Der Rest der Welt müsste seine Daten weiterhin mit konventionellen Rechnern schützen. Ein extremes Ungleichgewicht wäre die Folge«, meint der Wissenschaftsjournalist Christian J. Meier.[120]

Durch Dokumente, die von dem früheren NSA-Mitarbeiter Edward Snowden der Öffentlichkeit zugänglich gemacht wurden, wissen wir, dass der US-Geheimdienst NSA einen Computer konstruieren will, der jedes Verschlüsselungssystem zu knacken in der Lage ist. Kein Unternehmen, keine Forschungseinrichtung, keine Behörde und erst recht kein Bürger könnte sich dann mehr vor Spionageaktivitäten des Geheimdienstes schützen. Die *Washington Post* (Online-Ausgabe, 2.1.2014) berichtete, dass die NSA 79,7 Millionen Dollar (rund 58 Millionen Euro) in die Entwicklung eines neuartigen Quantencomputer stecke, der diesen Riesenschritt in Richtung praktisch lückenloser Überwachung ermöglichen soll. Das digitale Aufrüstungsprojekt trägt den martialischen Namen »Penetrating Hard Targets« (»in feste Ziele eindringen«).[121] Zunächst soll es sich um Grundlagenforschung handeln. Sollte die zu brauchbaren Ergebnissen führen, wäre die Welt um eine furchtbare Superwaffe reicher.[122]

---

120 In: Technology Review 12/2014, S. 71

121 Alleine das Bekanntwerden dieses Projekts habe »historische Bedeutung«, so die *Süddeutsche Zeitung* (4./5. Januar 2014), und die FDP-Politikerin Sabine Leutheusser-Schnarrenberger sprach gegenüber der *Neuen Osnabrücker Zeitung* von einem »Frontalangriff auf die Grundwerte der westlichen Welt«. Die Spähaffäre erhalte durch die Enthüllungen eine »neue Dimension«.

122 Das Stadium einer Totalüberwachung wäre damit aber noch nicht zwangsläufig erreicht. Zwar ließen sich die heute gängigen Verschlüsselungsmethoden dann knacken, doch arbeiten Tüftler längst an kryptographischen Verfahren, die der Technologie gewachsen wären. Johannes Buchmann von der TU Darmstadt beispielsweise leitet ein Forscherteam, das an Methoden der »Post Quantum Cryptograhy« arbeitet. »Sie suchen also nach mathematischen Methoden, bei denen ein Quantencomputer seine Vorteile nicht ausspielen kann. Sei es, weil die Mathematik dahinter selbst einen Quantencomputer überfordern würde, oder weil es noch keinen Quanten-Algorithmus zur Lösung des entsprechenden Problems gibt«, schreibt Christian J. Meier in der Technology Review (12/2014, S. 71).

Abgesehen von ihren Spionagequalitäten wären Quantenrechner aber noch für eine ganze Reihe weiterer Spezialanwendungen nützlich. Dazu gehört die Recherche in riesigen, ungeordneten Datenbanken und die durch Computersimulationen gestützte Suche nach neuen medizinischen Wirk- sowie industriellen Werkstoffen. Nach Angaben der *Washington Post* (ebd.) geht es außerdem um Fortschritte bei der Weiterentwicklung künstlicher Intelligenz.

Die investierten Beträge können sich dabei sehen lassen. So wusste das *Handelsblatt* (4.12.2014) zu berichten: »Nach Berechnungen der US-Analysefirma *Quid* wurden 2013 mehr als zwei Milliarden Dollar in 233 Firmen investiert, die an künstlicher Intelligenz arbeiten.« Weltweit versuchen jedenfalls Forschungseinrichtungen, eine künstliche Intelligenz zu entwickeln, die der des Menschen gleichkommt, darunter diejenigen von *IBM*, *Cycorp*, *Google*, *Novamente*, *Numenta*, *Self-Aware Systems*, *Vicarious Systems* und DARPA, die Forschungsagentur des Pentagon.

4.
Dompteur der Superintelligenz

Wie Oxford-Professor Nick Bostrom die Maschinenherrschaft verhindern will

Unter jenen Forschern, die damit rechnen, dass in absehbarer Zeit intelligente Maschinen den Menschen das Steuer aus der Hand nehmen werden, sind auch solche, die darin eine ernsthafte Gefahr für die Weiterexistenz der menschlichen Gattung sehen. Superintelligente Maschinen, die über ein Selbstbewusstsein verfügen, so argumentieren sie, werden darum bemüht sein, die ihnen einprogrammierten Ziele möglichst fehlerfrei zu erreichen. Sie werden versuchen, ihre Energieversorgung sicherzustellen, ihre Fähigkeiten zu verbessern und ihre Abschaltung oder Zerstörung zu verhindern, denn das alles dient der Zielerfüllung. Schließlich werden sie aus dem gleichen Grund versuchen, sich aus den Sicherheitssystemen, mit denen man sie zu kontrollieren versucht, zu befreien. Wenn nicht bereits heute an adäquaten Sicherheitsmaßnahmen gearbeitet würde, sei eine Vernichtung der Menschheit durch eine künftige Superintelligenz nicht nur möglich, sondern sogar wahrscheinlich.[123]

---

123 Während sich die gut ein Dutzend KI-Entwickler, mit denen James Barrat bei den Recherchen zu seinem Buch *Artificial Intelligence and the End of the Human Era* sprach, seinen Angaben nach keine Gedanken über die Gefährlichkeit der von ihnen konstruierten Maschinen machten, treibt viele KI-Theoretiker die Sorge um, wie deren »Freundlichkeit« sichergestellt werden

Die zentrale Figur im Diskurs über die Risiken der vermeintlich kommenden Roboterherrschaft ist der Philosoph Nick Bostrom.[124] In seinem 2014 in einem renommierten Verlag erschienenen Buch *Superintelligenz. Szenarien einer kommenden Revolution* beschreibt er fünf verschiedene Pfade, auf der die Entwicklung einer den Menschen übertrumpfenden Intelligenz voranschreiten könnte: die KI-Forschung, den digitalen Nachbau des menschlichen Gehirns, die Leistungssteigerung des Gehirns durch eugenische Maßnahmen,[125] den Bau von Gehirn-Computer-Schnittstellen und die digitale Vernetzung. Das größte Intelligenzpotenzial sieht er in der Steigerung der Rechengeschwindigkeit der Prozessoren. Wenn es erst einmal möglich sei, auf künstlichem Wege eine Intelligenz zu erschaffen, die der des Men-

---

kann. Bspw. warne KI-Theoretiker Eliezer Yudkowsky vor ihrer Entwicklung, solange nicht dafür Sorge getragen werden kann, dass sie sich dem Menschen gegenüber freundlich verhalten. Der Konstrukteur Benjamin Goertzel, der Geschäftsführer des KI-Forschungsunternehmens *Novamente* und Organisator der jährlichen international *Artificial General Intelligence Conference*, sehe es genau anders herum: Je fortgeschrittener die technologische Umgebung sei, auf welche die ersten superintelligente Maschinen träfen, desto verheerender könnte sich das destruktive Potenzial ihrer Autonomie entfalten. Bei einer noch unvollkommenen Infrastruktur bliebe den Menschen mehr Zeit, um Erfahrungen mit diesen Maschinen zu machen und die entsprechenden Kontrollmechanismen zu entwickeln.

124 Weil Bostrom keine Grenzen des menschlichen Potenzials anerkenne, setzte ihn die Zeitschrift *Foreign Policy* bereits 2009 auf Platz 73 ihrer Liste der wichtigsten globalen Denker. 2014 erreichte er sogar Platz 15 auf einem vergleichbaren Ranking des *Prospect Magazine*.

125 Keine Bedenken hat Bostrom hinsichtlich gentechnologischer Möglichkeiten der Menschenzüchtung. Im Gespräch mit dem Schweizer Fernsehen sagte er: »Etwa anderes, womit wir die menschliche Intelligenz verbessern können, ist die genetische Selektion von Embryonen. Diese Technik entwickelt sich rasch. In 5, 10 oder 15 Jahren werden wir wohl soweit sein. Natürlich geht es ein paar Jahrzehnte, bis diese Kinder erwachsen sind und die Welt verändern können. Aber dann wird wohl die Ära anbrechen, in der wir bedeutende Fortschritte erzielen werden. Wenn wir Dinge wie Bildungsförderung, Umweltmaßnahmen und andere externe Intelligenzfortschritte nicht zählen.« (Vgl. *Sternstunde Philosophie*, 20.10.2013, *Die Zukunft des Menschen*; Schweizer Radio und Fernsehen (SRF), zum SRF Kultur-Schwerpunkt *Roboter wie wir*)

schen gleich komme, dann sei es nur noch ein kleiner Schritt zur »Superintelligenz«. Denn die Eigendynamik der Leistungssteigerung von Computern hätte zur Folge, dass diese danach in der Lage wären, sich mit immer höherer Geschwindigkeit selbst weiterzuentwickeln. Geschähe dies, seien Voraussagen über das künftige Geschehen, insbesondere über das Schicksal der Menschheit, nicht mehr möglich. Für wann er das Eintreten der Intelligenzexplosion erwartet, lässt er offen. »Es sieht so aus, als ob es irgendwann in diesem Jahrhundert geschehen wird, aber sicher können wir uns dessen nicht sein.«[126] Für die Zeit danach sieht Bostrom zwei grundlegend verschiedene Entwicklungsmöglichkeiten. Die Technologien könnten entweder eine posthumane Ära einleiten, in der der menschliche Geist auf eine neue Stufe gehoben wird. In diesem Fall, so Bostrom, »erwartet uns eine wunderbare Zukunft, die unsere wildesten Träume übertrifft.«[127] Oder sie könnten eine Katastrophe auslösen, in deren Verlauf die Menschheit ausgelöscht wird.

Viel Raum verwendet Bostrom dafür, verschiedene Szenarien der Vernichtung der Menschheit durch eine maschinelle Superintelligenz auszumalen: »Die offene Umsetzungsphase könnte mit einem ›Schlag‹ beginnen, in dem die KI die menschliche Spezies und alle automatischen Systeme vernichtet, die ihr im Weg stehen. Dies könnte durch den Einsatz einer fortgeschrittenen Waffe geschehen, die die KI mithilfe ihrer Superkraft der Technologieentwicklung perfektioniert und in der geheimen Vorbereitungsphase in Anschlag gebracht hat. Basiert die Waffe auf einer selbstreproduzierenden Bio- oder Nanotechnologie, könnte das anfängliche Waffenarsenal mikroskopisch klein sein. Ein einziger Replikator reichte aus, um den Prozess in Gang zu setzen. Um eine ebenso plötzliche wie gleichmäßige Wirkung zu erzielen, könnte die KI nicht nachweisbare Mengen des Replikators über die ganze Welt verteilen. Zu einem vorbestimmten Zeitpunkt könnten Nanofabriken dann Nervengas produzieren oder zielsu-

126 Nick Bostrom: Superintelligenz. Szenarien einer kommenden Revolution, Berlin 2014, S. 10

127 Vgl. *Sternstunde Philosophie,* 20.10.2013, *Die Zukunft des Menschen*, a. a. O.

chende, moskitoähnliche Roboter könnten von jedem Quadratmeter der Erde aufsteigen (obwohl eine Maschine mit der Superkraft der Technologieentwicklung sicherlich effektivere Vernichtungsmethoden wüsste).« Der Phantasie – oder besser: der Anti-Utopie – sind wahrlich keine Grenzen gesetzt.

Bostrom weiter: »Man kann sich auch Szenarien ausmalen, in denen eine Superintelligenz an die Macht gelangt, indem sie politische Prozesse, Finanzmärkte oder Informationsströme beeinflusst oder die Kontrolle über existierende Waffensysteme übernimmt. Dazu wären dann keine neuen Waffen nötig, allerdings dürften diese Szenarien unnötig langsam ablaufen im Vergleich zu jenen, in denen die maschinelle Intelligenz ihre eigene Infrastruktur mithilfe von Manipulatoren aufbaut, die mit molekularer oder atomarer anstelle von menschlicher Geschwindigkeit arbeiten. Ist die KI sich andererseits ihrer Unbesiegbarkeit sicher, dann würde sie uns vielleicht nicht direkt angreifen. Unser Untergang könnte stattdessen eine Folge der Umweltzerstörung sein, die beginnt, sobald die KI Nanotechnologien für globale Bauvorhaben einsetzt. Vielleicht schon innerhalb von Tagen oder Wochen wäre die ganze Erdoberfläche mit Solarzellen, Kernreaktoren, Rechenzentren mit dazugehörigen Kühltürmen, Raumschiff-Abschussrampen oder anderen Anlagen bedeckt, die die KI zur Maximierung der langfristigen kumulativen Realisierung ihrer Werte benötigt. Menschliche Gehirne, die dafür relevante Informationen enthalten, könnten zerlegt und gescannt werden, um die extrahierten Daten in ein effizienteres und sichereres Speicherformat zu überführen«.[128] So wie das Schicksal der Gorillas heute stärker von den Menschen abhänge als von den Gorillas selbst, »so hinge das Schicksal unserer Spezies von den Handlungen dieser maschinellen Superintelligenz ab.«[129]

Die künstliche Intelligenz gehört für Bostrom neben der synthetischen Biologie und den Nanotechnologien zu jenen Technologien, die ein existenzielles Risiko in sich bergen, das heißt das Überleben

128 Beide Zitate: Bostrom, a.a.O., S. 139f

129 Ebd., S. 9

der Menschheit als ganzer gefährden.[130] Auf solche Gefahren sei die Menschheit bislang denkbar schlecht vorbereitet. Bostrom schreibt: »Angesichts einer Intelligenzexplosion gleichen wir kleinen Kindern, die mit einer Bombe spielen: Die Unreife unseres Verhaltens wird nur noch von der Zerstörungskraft unseres Spielzeugs übertroffen. Die Superintelligenz stellt eine Herausforderung dar, für die wir weder jetzt noch auf absehbare Zeit gerüstet sind; wir haben so gut wie keine Ahnung, wann die Explosion erfolgen wird, doch wenn wir wollen, können wir das leise Ticken schon hören. Ein Kind, das eine Bombe findet, sollte diese vorsichtig zu Boden legen, sich schnell entfernen und dann umgehend einen Erwachsenen informieren. In diesem Fall haben wir es jedoch nicht mit nur einem, sondern mit vielen Kindern zu tun, die alle einen Zünder haben. Die Chance, dass alle so vernünftig sind, die Finger davonzulassen, scheint gegen null zu gehen. Irgendein kleiner Idiot wird todsicher den Knopf drücken, nur um zu sehen, was passiert. Weglaufen bringt auch nichts, denn eine Intelligenzexplosion würde die ganze Welt in Brand stecken. Außerdem ist weit und breit kein Erwachsener in Sicht.«[131]

Die Rolle des Erwachsenen will Bostrom selbst übernehmen. Deshalb widmet er seine Arbeit als Philosoph und Direktor des von ihm gegründeten *Future of Humanity Institute* an der Oxford University der Frage, wie die von ihm erwartete Revolution der Maschinenintelligenz in Bahnen gelenkt werden kann, welche der Entwicklung der Menschheit zu Gute kommt. Ihm geht es um »das Erzielen von Fortschritten bei den technischen Herausforderungen, eine ungefährliche maschinelle Intelligenz zu bauen.«[132] Dafür sieht er zwei Ansätze. Entweder man versucht die Fähigkeiten der Maschine zu kontrollieren oder ihre Motivation zu steuern. Im ersten Fall sperrt man sie in eine Art Kiste und schränkt ihren Handlungsspielraum so ein, dass sie die Außenwelt nicht direkt beeinflussen kann. Einen großen Teil seiner Arbeit verwendet Bostrom darauf, sich vorzustellen, welche

---

130 Vgl. *Sternstunde Philosophie*, 20.10.2013, a. a. O.

131 Bostrom, a. a. O., S. 364

132 Ebd., S. 363

Entwicklungsszenarien sich aus einer solchen Situation ergeben. Werde die KI auf eine solche Weise isoliert, argumentiert er, »könnte sie ihre Wärter mithilfe der Superkraft der sozialen Manipulation dazu bringen, ihr Zugang zum Internet zu gewähren. Alternativ könnte sie die Hacking-Superkraft nutzen, um ihrem Gefängnis zu entkommen. Das Internet könnte ihre Hardware-Kapazitäten und Wissensbasis vergrößern und ihre intellektuelle Überlegenheit noch weiter steigern. Zusätzlich könnte sie legalen oder illegalen Tätigkeiten nachgehen, um mit den Profiten Rechenleistung, Daten und andere Ressourcen zu erwerben. Zu diesem Zeitpunkt kann die KI auf verschiedene Weisen in die reale Welt eingreifen. Sie kann ihre Hacking-Superkraft nutzen, um die Kontrolle über Roboter und automatisierte Laboratorien zu übernehmen, sie kann ihre Superkraft der sozialen Manipulation einsetzen, um Menschen davon zu überzeugen, ihr als Werkzeuge zu dienen, oder sie kann sich mit online gemachten Profiten Dienstleistungen und Einfluss erkaufen.«[133] Versucht man, die Motivation der Maschine zu beeinflussen, dann geht es darum, auf ihre Beweggründe einzuwirken. Diese müssten menschliche Werte einschließen.

Bei all der Phantasie, die Bostrom aufbringt, um Szenarien der Machtübernahme intelligenter Roboter und der dagegen gerichteten Sicherheitsmaßnahmen zu entwickeln, überrascht seine mangelnde Vorstellungskraft, wenn es darum geht, sich eine fundamental andere Gesellschaftsform vorzustellen. Alle Zukunftsentwürfe, die er in seinem Buch vorstellt, bleiben der kapitalistischen Produktionsweise verhaftet, in der Maschinen Privateigentum sind, in der die überwiegende Mehrheit der Menschen darauf angewiesen ist, ihre Arbeitskraft zu verkaufen, um zu überleben, und in der der gesellschaftliche Reichtum in hohem Maße ungleich verteilt ist. Da ihnen die Arbeit von den Maschinen weggenommen wird, fristen die Lohnabhängigen in dem von ihm gezeichneten Zukunftsbild ein zunehmend karges Dasein. »Die Welt um sie herum ist technisch äußerst fortgeschritten, es gibt nicht nur superintelligente Maschinen, sondern auch Mittel

133 Ebd., S. 138f

gegen das Altern, virtuelle Realitäten sowie zahlreiche Verbesserungstechnologien und glücklich machende Drogen. All das dürfte für sie in der Regel aber unerschwinglich sein. Vielleicht nehmen sie anstelle von Verbesserungsmitteln eher solche, die ihr Wachstum und ihren Stoffwechsel verlangsamen, um ihre Lebenshaltungskosten zu reduzieren und so trotz kontinuierlich fallender Einkommen überleben zu können. Wenn es immer mehr von uns gibt und das Durchschnittseinkommen weiter sinkt, dann könnten wir zu dem geringsten Zustand degenerieren, der uns immer noch als Empfänger einer Rente qualifiziert. Vielleicht werden wir zu gerade noch bewussten Gehirnen in Tanks, von Maschinen mit Sauerstoff und Nahrung versorgt, langsam Geld für die Reproduktion ansparend, für die ein Roboter einen Klon von uns heranzüchtet. Noch sparsamer wäre die Technik des Hochladens, da ein von einer Superintelligenz physikalisch optimiertes Rechensubstrat effizienter wäre als ein biologisches Gehirn. Die Migration in die digitale Welt könnte jedoch zum Stillstand kommen, falls Emulationen nicht als Menschen oder Bürger gelten und ihnen daher keine Renten oder steuerfreie Konten zugestanden werden. In diesem Fall würden biologische Menschen – zwischen unzähligen Emulationen und künstlichen Intelligenzen – vielleicht noch ein Nischendasein fristen.«[134]

Die Möglichkeit einer demokratischen, geplanten Wirtschaft auf der Grundlage von Gemeineigentum an den Produktionsmitteln, also den Maschinen, wird von Bostrom noch nicht einmal entfernt in Betracht gezogen. Ihn beschäftigt viel mehr die Frage, ob superintelligente Maschinen »Kapitalbesitz (Sklaven) darstellen oder freie Lohnarbeiter sind.«[135] Das verwundert umso mehr, als verschiedene Varianten dieser Produktionsweise historisch bereits realisiert worden sind, während Szenarien der Maschinenherrschaft als reine Spekulation betrachtet werden müssen. Allein dieser Umstand gibt Anlass daran zu zweifeln, dass Bostrom in der Lage ist, die Aufgabe zu erfüllen, die er sich selbst gestellt hat: zu definieren, was die »ent-

134 Ebd., S. 234 f

135 Ebd., S. 235

scheidende Aufgabe unseres Zeitalters«[136] ist und zu ihrer Erfüllung die notwendigen intellektuellen Kapazitäten zu mobilisieren. Der vermeintlich drohenden Machtergreifung intelligenter Maschinen werden Mechanismen ihrer Verhinderung gegenübergestellt. Problemstellung und Lösungsweg bleiben im Rahmen eines technizistischen Weltbilds, das trotz der zumeist nüchtern klingenden Sprache der quasi-religiösen Perspektive der Singularitätsideologie verhaftet bleibt.[137]

Wenn Bostrom die mit der technologischen Singularität verbundenen Gefahren in den Mittelpunkt seiner Betrachtungen stellt, tut er dies nicht als Kritiker dieser durch und durch ideologischen Fortschrittskonzeption, sondern als jemand, der sie mit seiner Arbeit als vermeintlich seriöser Oxford-Philosoph und Institutsdirektor selbst mit entwirft. Leute wie Kurzweil und Bostrom betreiben das gleiche Geschäft der Zukunftsprophetie, nur mit verteilten Rollen. Denn grundsätzlich infrage gestellt werden die angeblichen Aktivitäten zur Entwicklung einer maschinellen Superintelligenz von Bostrom und seinen Mitstreitern vom *Future of Humanity Institute* nicht. Die ebenso gefürchtete wie erhoffte technologische Entwicklung hält er für unausweichlich. Insofern bewegt er sich nach wie vor im Denkhorizont der von ihm mit gegründeten weltweiten Bewegung der Transhumanisten. Finanziert werden soll das von ihm entworfene paradoxe Projekt einer Rettung des Menschen in das posthumane Zeitalter durch eine Gemeinschaft reicher Wohltäter. »Eine solche Basis sollte sofort Ressourcen für Forschung und Analyse und später für andere Aktivitäten bereitstellen …. Von Nutzen wäre ein Netzwerk von Spendern, die der rationalen Philantropie zugetan sind sowie über existentielle Risiken und die verschiedenen Möglichkeiten, diese zu reduzieren, Bescheid wissen.«[138]

---

136 Ebd., S. 365

137 Verräterisch sind Formulierungen wie diese: Es ginge darum, »die Zivilisation auf eine Bahn zu bringen, die zu einer barmherzigen und triumphalen Nutzung unseres kosmischen Erbes führt« (ebd., S. 365).

138 Ebd., S. 362

Kandidaten für ein solches Netzwerk gibt es unter den Superreichen der High-Tech-Branche genug. So begründete Elon Musk seine Investitionen in die Entwicklung einer künstlichen Intelligenz, welche die des Menschen überflügeln soll, mit der Absicht, das Entstehen bösartiger Maschinen zu verhindern. Er habe sein Geld in KI-Unternehmen wie das später von *Google* aufgekaufte *Deep Mind* sowie in *Vicarious*[139] gesteckt, um ein Auge auf die Forschung zu haben.[140] In *Vicarious* investiert haben neben Musk noch eine ganze Reihe von weiteren Milliardären aus dem Silicon Valley, darunter *Amazon*-Chef Jeff Bezos, der *Facebook*-Gründer Mark Zuckerberg, Joe Landsdale, ein Mitgründer des Spionageunternehmens *Palantir Technologies*, sowie Peter Thiel, der sein Geld auch in das der Erforschung der Risiken der Superintelligenz verschriebene *Machine Intelligence Research Institute* gesteckt hat.

Exkurs 2
»Der beste Weg, ein menschliches Gehirn zu bauen, ist die Zeugung eines Menschen.«

Gespräch mit Raúl Rojas, Professor für Informatik an der FU Berlin, über die Forschung an künstlicher Intelligenz und die Singularität.[141]

Womit befasst sich die KI-Forschung genau?
Das hat sich im Laufe der Jahre geändert. Am Kernforschungszentrum in Mexiko bekam ich die Aufgabe, ein Algebrasystem zu schrei-

139 Tatsächlich geht es dem 2010 von Scott Phoenix und Dileep George gegründeten Unternehmen *Vicarious* nach eigenen Angaben darum, eine künstliche Intelligenz zu schaffen, die das Niveau des Menschen erreicht.

140 Das erklärte er dem Nachrichtenkanal CNBC im Juni 2014.

141 Raúl Rojas González, geb. 1955 in Mexiko-Stadt, ist Professor für Informatik an der Freien Universität Berlin mit dem Spezialgebiet künstliche neuronale Netze. Es handelt sich um die gekürzte Fassung eines Gesprächs, das am 8./9. November 2014 in der *jungen Welt* (Wochenendbeilage) erschien.

ben. Wenn man so etwas macht, muss man die zugrunde liegende sprachliche Regel oder Formel kennen. Das bezeichnete man damals als künstliche Intelligenz. Wenn es etwas gibt, was zunächst nur der Mensch kann, dann aber auf den Computer übertragen wird, dann nennt man das künstliche Intelligenz. Aber wenn man es dann dem Computer beigebracht hat, ist das ein alter Hut, und die KI-Forscher wenden sich einem anderen Problem zu. Heute interessieren sie sich für das, was Menschen unbewusst machen: Gesichtserkennung, Spracherkennung, Objekterkennung. Wenn ich mich in dem Raum, in dem wir beide sitzen, umschaue, dann erkenne ich ein Buch und einen Tisch. Für den Computer ist das schwer. Nehmen wir das Beispiel Gesichtserkennung: Ich muss mir nur eine Brille aufsetzen oder einen Bart wachsen lassen, und schon bekommt der Computer Probleme. Alles, was der Mensch in Bruchteilen von Sekunden automatisch macht, fällt dem Computer schwer.

Wenn ich Sie nachts auf der Straße mit Hut und Sonnenbrille träfe, würde ich Sie womöglich auch nicht auf Anhieb erkennen. Wahrscheinlich aber dann, wenn Sie etwas sagten. Oder ich würde Sie an der Art erkennen, wie Sie sich bewegen. Versucht man in der KI-Forschung, diese verschiedenen Elemente, also beispielsweise Bilderkennung, Spracherkennung, vielleicht auch Geruchserkennung, zusammenzubringen? Geht es also um die Kombination von Sensordaten?
Wir versuchen, in diese Richtung zu gehen, aber so weit sind wir noch nicht. Man arbeitet noch unabhängig voneinander. Einige Leute befassen sich mit Spracherkennung, andere mit Gesichtserkennung, aber eine echte Verknüpfung fehlt noch. Die Fortschritte auf diesen einzelnen Gebieten sind dafür noch nicht groß genug. Das Gehirn begegnet Mustern und Gegenständen und formuliert dazu ständig Hypothesen. Wenn wir beispielsweise eine Wolke sehen, dann erkennen wir darin manchmal Gesichter oder bestimmte Objekte. Das liegt daran, dass unser Gehirn nicht aufhört, Hypothesen über die von uns wahrgenommene Welt zu formulieren, die bestätigt oder verworfen werden. Wir sind evolutionär dazu bestimmt, Ord-

nung in die Welt hineinzubringen, indem wir Muster erkennen. Die Neurobiologen versuchen, das Gehirn zu verstehen. Sie schauen sich seine Struktur und die Zellen an. Die KI-Forscher gehen anders vor. Sie versuchen, ein Gehirn von unten nach oben aufzubauen und auf diese Weise kognitive Fähigkeiten nachzubilden. Unter ihnen gibt es Leute, die glauben, dass man dem Computer mit Hilfe von Regeln alle Fähigkeiten eines Menschen beibringen kann. Sie gehen davon aus, dass Menschen regelbasiert handeln und man das in einem Programm abbilden kann. Andere KI-Forscher würden bestreiten, dass man alles, was einen Menschen ausmacht, in die Form von Regeln bringen und entsprechend programmieren kann. Sie nehmen an, dass man eher die Fähigkeit zu lernen programmieren kann. Der Computer eignet sich dann seine Fähigkeiten nach und nach selbst an.

Handelt es sich dabei um Anhänger konkurrierender wissenschaftlicher Schulen, die sich gegenseitig bekämpfen?
Nein, es handelt sich um verschiedene Ansätze, die sich parallel zueinander bewegen und sich eher ergänzen. Die Leute, die regelbasiert arbeiten, befassen sich zum Beispiel mit Dialogsystemen. Sie untersuchen, was passiert, wenn ich mit dem Computer in einen Dialog trete, und versuchen, sein Regelwissen zu verbessern. Die Leute, die von dem Lernansatz ausgehen, beschäftigen sich eher mit dem Erkennen von Bildern oder Gesichtern.

Was Sie erzählen, klingt nach recht bescheidenen Fortschritten. Dagegen stehen Sensationsmeldungen wie die vom Auftritt des Computers Watson in der Fernsehquizshow *Jeopardy* vor einigen Jahren. Der Computer gewann gegen die besten menschlichen Teilnehmer.
Es geht in der Sendung um enzyklopädisches Wissen. Auf diesem Gebiet ist der Computer heute dem Menschen überlegen, denn ich kann ihn mit dem Wissen der gesamten Wikipedia füttern. Die besondere Leistung des von *IBM* entwickelten Computersystems Watson besteht darin, dass es in der Lage ist, die Fragen zu verstehen, indem

es das enzyklopädische Wissen zerlegt und vergleicht. Das war ein Durchbruch in der Entwicklung von sogenannten Expertensystemen, die man vorher nicht so richtig gebrauchen konnte. Watson ist eine Enzyklopädie, in der man nicht selbst blättern muss. Ich kann fragen und bekomme eine Antwort.

Auf dieser Grundlage könnte ein Internetlexikon erstellt werden, das noch viel benutzerfreundlicher wäre als Wikipedia und mit dem sich viel Geld machen ließe.
IBM arbeitet daran, so ein Angebot für Ärzte zu entwickeln. Wenn der Arzt ein Medikament verschreiben will, soll der Computer auf der Grundlage der Patientendaten schauen, ob beispielsweise die Dosis angemessen ist. Das System kann den Arzt nicht ersetzen, aber ihm über die Schulter schauen und ihn beim Verschreiben von Medikamenten entlasten. So ein System wäre natürlich sehr lukrativ.

Neben der künstlichen Intelligenz ist die Robotik Ihr Spezialgebiet. Worum geht es dabei?
Die Robotik gibt dem Computer einen Körper. Dafür hat man zwei Motivationen. Zum einen möchte die Industrie weiter automatisieren. Zum anderen gibt es die bereits erwähnte Gedankenschule in der künstlichen Intelligenz, die davon ausgeht, dass ein Computer mit der Welt interagieren und wie ein Kind lernen muss, um seine Intelligenz zu entwickeln. Noch bis zum Ende der 1970er Jahre nahm man an, dass es ausreiche, eine entsprechende Software zu schreiben, um ein intelligentes System zu konstruieren. Damals dominierte in der KI-Forschung der vorhin bereits geschilderte Ansatz, der das Regelwissen in den Vordergrund stellt. Vereinfacht gesagt, dachte man, man müsse nur eine Million Regeln programmieren, nach denen der Mensch angeblich funktioniere, und am Ende hätte man so etwas wie einen Menschen. Erst allmählich erkannte man, dass das so nicht gehen würde. Und immer mehr KI-Forscher begannen, sich nicht mehr nur für Software, sondern auch für Roboter zu interessieren, mit deren Hilfe die Computer sich in der Welt bewegen und entsprechende Erfahrungen machen können.

Mittlerweile geht eine beträchtliche Anzahl von Absolventen der Universität Stanford davon aus, dass Computer, die mit einem eigenen Willen ausgestattet sind, in absehbarer Zeit das Ruder übernehmen werden. Solche Ideen werden in dem Begriff Singularität zusammengefasst.

Diese Idee wird von Ray Kurzweil propagiert. Sie stammt nicht von ihm, wird heute aber vor allem mit seinem Namen verbunden. Er ist bei *Google* angestellt und hat seine eigene *Singularity University* in Kalifornien. Ich bin Anhängern der Singularitätsbewegung auf Konferenzen begegnet, bei denen es um künstliche Intelligenz ging. Die Hälfte der Teilnehmer waren Wissenschaftler, die andere Hälfte Singularisten oder Millionäre, die mit einem High-Tech-Unternehmen reich geworden sind und glauben, dass sie das dazu qualifiziert, auf wissenschaftlichen Konferenzen zu reden. Diese Leute unterschätzen die Komplexität des menschlichen Gehirns. In Europa gibt es das Blue-Brain-Projekt, das versucht, ein Gehirn komplett zu simulieren. Ich halte das heute nicht für möglich. Der beste Weg, ein menschliches Gehirn zu bauen, ist die Zeugung eines Menschen. Diejenigen meiner Kollegen, die der Idee der Singularität anhängen, sind Phantasten.

5.
Unsterblichkeit für Milliardäre

Hinter den technologischen Wahnideen des Silicon Valley stehen ökonomische Kalküle

In seiner am 12. Oktober 2014 gehaltenen Rede zur Verleihung des Friedenspreises des Deutschen Buchhandels sagte der Softwareentwickler und Autor Jaron Lanier: »Innerhalb der winzigen Elite der Milliardäre, die die Cloud-Computer betreiben, herrscht der laute, zuversichtliche Glaube, dass die Technologie sie eines Tages unsterblich machen wird. *Google* zum Beispiel finanziert eine große Organisation mit dem Ziel, ›den Tod zu überwinden‹. Eine weitere populäre Idee ist, unser Gehirn in die virtuelle Realität ›upzuloaden‹, damit wir für immer in einer Software-Form weiterleben könnten.«[142] Wo liegen die Ursachen für die Popularität dieser Ideologie, die in dem Erfinder und Buchautor Ray Kurzweil ihren prominentesten Propagandisten hat? Der Publizist Douglas Rushkoff interpretiert das Streben nach der Singularität als Ausdruck der »Sehnsucht nach einem Ende angesichts einer alles dominierenden, nicht enden wollenden Gegenwart«.[143] Das apokalyptische Denken ihrer Anhänger knüpfe eher an religiöse denn an wissenschaftliche Traditionen an. Tatsächlich erinnert das Enga-

---

142 FAZ, 13.10.2014

143 Douglas Rushkoff: Present Schock. Wenn alles jetzt passiert, Freiburg 2014, S. 17

gement, mit dem sie ihre Vision von der künftigen Maschinenherrschaft verkünden, an den Eifer religiöser Prediger. In einem Land, in dem es von obskuren christlichen Sekten nur so wimmelt, mögen sich viele Leute von religiösen Formen der Ansprache angezogen fühlen. Auch dürfte der Glaube an den wissenschaftlichen Fortschritt manchen Superreichen in der Hoffnung bestärken, noch persönlich in den Genuss der Unsterblichkeit zu kommen.[144] Diese Aspekte spielen sicher eine Rolle bei der spezifischen Mischung aus Technik- und Wunderlauben, wie sie der Singularitätsbewegung zugrunde liegt. Weitaus mehr ins Gewicht fällt jedoch ein bisher unterbelichteter Faktor. Die ungeheure Wachstumsdynamik von Unternehmen der High-Tech-Branche im digitalen Kapitalismus.

Für Ray Kurzweil stellen die »andauernde Beschleunigung der vielen ineinander verwobenen Techniken«[145] und der Kapitalismus einen unauflöslichen Zusammenhang dar. Die Technologie bereite den Unternehmen »goldgepflasterte Straßen«, die beschreiten müsse, wer im wirtschaftlichen Wettbewerb bestehen wolle. »Der Verzicht auf technischen Fortschritt wäre für Einzelpersonen, Firmen und Nationen gleichermaßen wirtschaftlicher Selbstmord.«[146] Den besten Schutz gegen die von superintelligenten Maschinen ausgehenden Risiken stellt für ihn der Kapitalismus dar. Er gibt sich überzeugt, »dass eine freie Marktwirtschaft mit konstantem wissenschaftlichem und technischem Fortschritt, in dem jeder Schritt von Marktakzeptanz bestimmt ist, eine konstruktive Umgebung für die Entstehung von Technik« darstellt, »die menschliche Werte verkörpert«.[147]

Die Weigerung, die Entwicklung von Technologie, irgendeiner Art von Regulierung unterzuordnen, findet sich schon bei Ayn Rand, der Kultautorin der Anarchokapitalisten in der Tea Party, einer US-

144 Thiel begründete seine Investitionen in Forschungen zur Lebensverlängerung so: »Ich denke, dass manche meiner Zeitgenossen bis zu 140 oder 150 Jahre alt werden.« (Philosophie Magazin, Heft 1/2015, S. 37)

145 Kurzweil, a. a. O., S. 423

146 Ebd.

147 Ebd., S. 434

amerikanischen Bewegung, die am rechten Rand der Republikanischen Partei agiert. »Eine ›eingeschränkte‹ Technik ist das Äquivalent eines zensierten Geistes«, heißt es in ihrem Essay »Die neue antiindustrielle Revolution«. Darin wendet sie sich gegen jeden Versuch, »das Unbekannte zu regulieren, das Ungeborene zu begrenzen und Regeln für das Unentdeckte aufzustellen«.[148] Dass es dereinst um das Hochladen des menschlichen Geistes in die Cloud gehen könnte, wird sie damals allerdings noch nicht geahnt haben. Die Ideen von Ray Kurzweil haben sich im Silicon Valley zu einer Art unternehmerischen Leitbild entwickelt. Wer »Investitionen und Entscheidungen von *Google* und anderen Großkonzernen zu verstehen«[149] versucht, tut gut daran, sich mit dem dort weit verbreiteten Singularitätsdenken zu befassen. Es lohnt sich, diesen Gedanken weiter zu verfolgen. Dabei fällt zunächst eines auf: Die Prognosen von Ray Kurzweil und anderen über die nach der Mitte des 21. Jahrhunderts zu erwartende Computerherrschaft haben ihre Wurzeln in einer ganz rationalen unternehmerischen Praxis. Für den mit vielen Preisen ausgezeichnete Erfinder war die Vorhersage technologischer Entwicklungen der Grundstein für seinen wirtschaftlichen Erfolg.

Technologische Entwicklungsprognosen

Der Konstrukteur eines nach ihm benannten Synthesizers und eines Lesegeräts für Blinde war sehr erfolgreich damit, seine Produkte just dann auf den Markt zu werfen, wenn dieser in technologischer Hinsicht reif dafür war. Er selbst schreibt dazu: »Als Erfinder in den 1970ern wurde mir klar, dass meine Erfindungen den technischen Möglichkeiten und Marktverhältnissen zum Zeitpunkt ihrer Einfüh-

---

148 Zit. nach: Evgeny Morozov: Smarte neue Welt. Digitale Technik und die Freiheit des Menschen, München 2013, S. 363. Nach dieser Logik, so Morozov, sollten Gesellschaften auch den Einsatz biologischer Waffen oder den von Asbest nicht beschränken. Denn auch in diesen Fällen wisse man schließlich nie, was daraus noch Gutes erwachsen könne. (Ebd., S. 364)

149 Keese, a. a. O., S. 261

rung entsprechen mussten, und nicht zum Zeitpunkt der Planung. Darum untersuchte ich, wie sich verschiedene Felder, unter anderem Elektro-, Kommunikations-, Prozessor- und Speichertechnik, entwickelten und wie diese Entwicklungen den Markt aufmischten und letztendlich die Gesellschaft veränderten. Ich kam zu dem Ergebnis, dass die meisten Erfindungen nicht an technischen Problemen, sondern am Timing scheiterten. Erfinden ist ein bisschen wie Surfen: Man muss das Entstehen der Welle vorhersehen und genau im richtigen Moment aufspringen.«[150]

Von Seiten der High-Tech-Industrie und des Staates besteht so viel Nachfrage für Expertise über das laut Kurzweil exponentiell verlaufende Wachstum von Technologien, dass ihn *Google* 2012 zu seinem Chefingenieur machte und zudem die von ihm und dem Weltraumunternehmer Peter H. Diamandis im Jahr 2008 gegründete *Singularity University* finanziell unterstützt. In zehnwöchigen Sommerkursen, für die ausgewählte Teilnehmer aus Wirtschaft, Politik und Wissenschaft 25.000 Dollar bezahlen müssen, werden diese dazu angehalten, Pläne zur Lösung der wichtigsten Menschheitsprobleme zu entwickeln. »Jedes Jahr bekommen unsere Examensstudenten die Aufgabe, ein Unternehmen, ein Produkt oder eine Organisation so weiterzuentwickeln, dass sie dadurch binnen zehn Jahren das Leben von einer Milliarde Menschen positiv beeinflussen. Ich nenne sie ›Zehn-hoch-neun-plus-(10^9+)-Unternehmen. Natürlich hat noch keiner unserer Studenten diese hohe Marke erreicht – schließlich gibt es uns erst seit drei Jahren –, aber wir haben schon großartige Fortschritte erzielt«, schreibt Universitätsgründer Peter H. Diamandis in seinem Buch *Überfluss. Die Zukunft ist besser, als sie denken.*[151] Am Kursende sollen die Teilnehmer Projekte entwickelt haben, mit denen sie die Aufmerksamkeit von Investoren erreichen. Risikokapitalgeber werden eingeladen, sich ihre Präsentationen anzuschauen.[152] Die auf

150 Kurzweil, a. a. O., S. 3

151 Peter H. Diamandis / Steven Kotler: Überfluss. Die Zukunft ist besser, als sie denken, Kulmbach 2012, S. 103

152 Ein Teilnehmer der Klasse von 2012, berichtet *The Telegraph* (Online,

einem NASA-Gelände untergebrachte Weiterbildungseinrichtung hat »vordergründig zum Ziel, Führungskräfte aus Unternehmen, Regierungen und gemeinnützigen Organisationen in Technologie und Hochgeschwindigkeitsökonomie zu unterrichten.«[153]. Darüber hinaus ist die *Singularity University* »Esoterik-Institut, Heimstatt für Grenzwissenschaften, Labor für das ewige Leben und Wegbereiterin für einen totalitären Staat.«[154]

Netzwerkeffekte

Der kleinste gemeinsame Nenner dieser eigenwilligen Mixtur ist die Devise »Größer ist besser«, durch die sich nach Ansicht der US-Ökonomen Carl Shapiro und Hal R. Varian die durch das Internet beförderte moderne Netzwerkökonomie auszeichnet. In ihrem bereits 1999 erschienenen Buch *Online zum Erfolg* (im Original: *Information rules*) beschreiben sie deren Tendenz zur Herausbildung temporärer Monopole. Bei vielen Informationstechnologien profitierten die Nutzer davon, ein weit verbreitetes Format zu verwenden. Wenn der Gebrauchswert einer Ware für den Käufer davon abhängt, wie viele andere sie nutzen, sprechen die Autoren von einem Netzwerkeffekt. Beispiele sind Telefone, E-Mail, Internet-Zugang, Suchmaschinen oder sogenannte soziale Netzwerke. Sie schreiben: »Technologien, die starken Netzwerkeffekten unterliegen, tendieren zu langen Laufzeiten, gefolgt von explosivem Wachstum. Dieses Muster beruht auf positi-

---

24.8.2014), hat auf diese Weise eine halbe Million Dollar für die Entwicklung einer Drohne erhalten, die in der Lage ist, Hilfsgüter in schwer zugängliche Regionen von Entwicklungsländern zu bringen. Studierende der Klasse von 2010 gründeten das Unternehmen Made in Space und entwickelten einen 3D-Drucker, mit dessen Hilfe Astronauten der internationalen Raumstation ISS ihre eigenen Werkzeuge und Ersatzteile herstellen können. Sie erhielten dafür 125.000 Dollar von der Weltraumbehörde NASA.

153 Keese, a. a. O., S. 260f

154 Ebd.

ven Rückkopplungseffekten: Da der feste Kundenstamm wächst, sind auch weitere Anwender immer stärker daran interessiert. Möglicherweise erreicht das Produkt eine kritische Masse und übernimmt den Markt.«[155]

Und eben diese Marktführerschaft einzelner Technologiekonzerne ist nach Auffassung von Peter Thiel, dem durch eine frühe Investition in das Unternehmen *Facebook* sehr reich gewordenen Mitgründer des Internetbezahldienstes *PayPal*, ein Segen für die Entwicklung der Menschheit. Sein Vorbild sind die großen kapitalistischen Monopole. Er wird mit den Worten zitiert: »Wir glauben immer, dass Kapitalismus und Wettbewerb das Gleiche sind. Aber die großen Kapitalisten der Geschichte haben einzigartige Unternehmen aufgebaut. Das war so im späten 19. Jahrhundert mit den Rockefellers, Carnegies und Mellons, und es ist jetzt so in der Internetrevolution. *Google* ist heute das beste Beispiel für solche einzigartigen Monopolfirmen. Es ist hochprofitabel und wird weiter wachsen, soweit man das sehen kann. Das extreme Gegenbeispiel ist ein Restaurant, das sich in extremen Wettbewerb mit anderen Restaurants befindet, aber nicht sonderlich kapitalistisch ist, weil die Betreiber kaum Geld damit machen.« (Die Zeit, 18.9.2014) Die Herrschaft kapitalistischer Monopolunternehmen hält Thiel für die einzige Überlebenschance der auf technologische Innovationen angewiesenen Menschheit. Das behauptet er in seiner 2014 in Deutschland für das Wirtschaftsbuch des Jahres nominierten Schrift *Zero to one. Wie Innovation unsere Gesellschaft rettet.* Entweder die menschliche Zivilisation stagniere auf dem heutigen Niveau, wodurch ihre Auslöschung aufgrund erwartbarer Verteilungskämpfe um knapper werdende Ressourcen wahrscheinlich werde oder High-Tech-Monopolisten setzten mit Hilfe ihrer ökonomischen Mittel technologische Entwicklungen in Gang, »die unsere Vorstellungskraft übersteigen«.[156] Peter Thiel knüpft mit

---

155 Carl Shapiro / Hal R. Varian: Online zum Erfolg. Strategie für das Internet-Business, München 1999, S. 27

156 Peter Thiel: Zero to one. Wie Innovation unsere Gesellschaft rettet, Frankfurt a. M. / New York 2014, S. 190

seinen Überlegungen ausdrücklich an die von Nick Bostrom und Ray Kurzweil ausgemalten Szenarien einer künftigen Singularität an. Wie diese genau aussehen wird, sei »weniger entscheidend als die krasse Wahl zwischen den beiden wahrscheinlichsten Szenarien, vor der wir heute stehen: Nichts oder etwas.«[157] Welche Auswirkungen die Singularität haben würde, lässt Thiel in dem im Jahr 2000 gegründeten und von ihm finanzierten *Machine Intelligence Research Institute* (MIRI) erforschen.

Investorenstrategie

Weil »die Wetten auf zukünftige Gewinne (oder Verluste) den Motor der gigantischen Transaktionen auf den Finanzmärkten bilden«, vermuten einige Autoren, »stellen Zukunftsprojekte wie die des Transhumanismus einen wesentlichen Teil des Erwartungshorizontes der sogenannten Anleger und Investoren dar.«[158] Und tatsächlich lassen sich Verbindungen zwischen den Geschäftspraktiken von Start-ups im digitalen Kapitalismus und den Ideen der Singularitätsanhänger aufzeigen. So befördert die im Silicon Valley vorherrschende Investorenstrategie bei Start-up-Gründern, Internetmilliardären und Risikokapitalgeben eine »besondere Form von Größenwahnsinn«.[159] Laut Christoph Kesse haben dort fast nur noch solche Geschäftsideen eine Finanzierungschance, für die eine Bewertung in Milliardenhöhe in Aussicht steht. Sonst lohne sich das Geschäft für den Risikokapitalgeber nicht. Ganz besonderer Ehrgeiz gehöre daher zu den wichtigsten Kriterien, die Investoren anlegten, wenn sie sich die Idee für ein Start-up anschauten. In der Branchensprache heiße das »Shooting for the Moon«. Diese Investitionspraxis habe weitreichende Folgen für

157 Ebd., S. 190

158 Sven Kluge / Ingrid Lohmann / Gerd Steffens: Menschenverbesserung. Ein kritischer Blick auf den Transhumanismus, in: junge Welt, 22./23. November 2014, Wochenendbeilage, S. 7

159 Keese, a. a. O., S. 141

die Themen, an denen Start-ups arbeiten. Gründer, die beispielsweise eine bessere Software für Banken schreiben wollten, hätten kaum eine Chance, und sei sie in technischer Hinsicht noch so revolutionär. Denn eine Bewertung in Milliardenhöhe würden sie kaum erreichen. Mit mehr Aufmerksamkeit könne dagegen ein Gründer rechnen, der die Idee unterbreitet, die Banken komplett abzuschaffen und durch eine Internetplattform zu ersetzen.

In kurzer Zeit mit Hilfe des Netzwerkeffekts zu Konzerngiganten herangewachsene Internetunternehmen wie *Google*, *Facebook* und einige wenige andere sind erfolgreiche Beispiele für den Erfolg dieser einer kalkulierten Investorenstrategie, die Christoph Keese im nachstehenden Interview genauer erläutert. Es ist kein Zufall, dass in deren Umfeld die Nichts-ist-unmöglich-Philosophie der Singularitätsbewegung auf fruchtbaren Boden fällt.

Exkurs 3
»Im Silicon Valley spielt das Konzept der Singularität eine überragende Rolle«

Auszüge aus einem Gespräch des Autors mit Christoph Keese[160]*, dem leitenden Vizepräsidenten des Axel-Springer-Konzerns, über die Geschäftsmodelle und die Auswirkungen des Plattformkapitalismus.*

Sie waren 2013 für den Axel-Springer-Konzern ein halbes Jahr im Zentrum des High-Tech-Kapitalismus: im Silicon Valley in Kalifornien. Was haben sie da so lange gemacht?
Wir müssen verstehen, wohin die Reise geht. Uns interessieren die künftigen Trends des Verlegens. Die meisten Delegationen aus Europa kommen für drei bis fünf Tage, um sich die großen Unternehmen anzuschauen: *Twitter*, *Facebook* und *Google*. Da bleibt der Erkenntnis-

160 Christoph Keese, geboren 1964, ist Executive Vice President der *Axel Springer SE*. Bei dem Interview handelt es sich um Auszüge aus einem Gespräch mit Christoph Keese, das in zwei Teilen, am 11./12. und am 18./19. Oktober 2014, in der *jungen Welt* erschien.

gewinn vergleichsweise gering. Spannend sind vor allem die neuen Unternehmen. Die kann man aber nur kennen lernen, wenn man längere Zeit vor Ort ist. Die meisten schirmen sich komplett gegen äußere Einflüssen ab. Man pflegt einen Kult der extremen Nähe, trifft sich nicht in Büros, sondern in Cafés. Elektronische Kommunikationsmittel werden möglichst gemieden. Man redet nur mit Leuten, die einem von Vertrauenspersonen vorgestellt werden. Investoren sagen Dinge wie: »Ich investiere aus Prinzip in niemanden, der mehr als 10 Minuten zu Fuß oder mit dem Fahrrad entfernt ist.« Man arbeitet mit acht Leuten an einem kleinen Tisch zusammen. Die Arbeit ist begeisternd und reich an menschlichen Erfahrungen. Als ich in mein Büro im Springer-Hochhaus zurückkehrte, empfand ich zunächst Einsamkeit. Beeindruckt hat mich der Gemeinschaftsgeist, mit dem die Mitarbeiter von Start-up-Unternehmen in ihren Projekten an technischen Problemlösungen arbeiten.

Auch die Entwicklungen im Verlagswesen werden eng mit Fortschritten in der Technologie verknüpft sein. Wenn wir Mitte der neunziger Jahre verstanden hätten, was Internetsuche eigentlich bedeutet, dann hätten wir uns darauf einstellen können, dass Suchwort-Werbung künftig die Hälfte des Online-Werbemarkts ausmachen wird. Das ist heute der Fall und *Google* ist auf diesem Geschäftsfeld das marktbeherrschende Unternehmen.

Ihr Vorstandsvorsitzender Mathias Döpfner hat vor *Google* Angst, wie er vor einigen Monaten in der *Frankfurter Allgemeinen Zeitung* bekannte. Wovor fürchtet er sich?

Google besitzt ein Quasi-Monopol. Das ist kein Zufall. Der Netzwerkeffekt im Internet führt fast zwangsläufig dazu. Mit Quasi-Monopol ist eine Stellung gemeint, in der ein Unternehmen mehr als 90 Prozent des Markts beherrscht. Solche Quasi-Monopole verhärten sich unter den Bedingungen der Digitalwirtschaft sklerotisch und sind von Konkurrenten mit Mitteln der Innovation kaum zu knacken. Wenn sie ihre marktbeherrschende Stellung missbrauchen, schaden sie nicht nur den Konkurrenten, sondern darüber hinaus dem Wettbewerb und der gesamten Gesellschaft.

Wir sind als Axel Springer unmittelbar davon betroffen, weil wir in einigen Geschäftsfeldern, beispielsweise mit unseren Preisvergleichsseiten *Idealo* und *Ladenzeile*, direkte Wettbewerber von *Google Shopping* sind. Google bevorzugt seine eigenen Produkte in den Suchergebnislisten konsequent und dauerhaft gegenüber den Produkten der Konkurrenz. Es nutzt seine marktbeherrschende Stellung im Bereich der Suche aus, um einen anderen Markt, den Preisvergleich, zu erobern.

Dahinter steckt eine ausgetüftelte Strategie, die Hal Varian und Carl Shapiro bereits 1999 in einem Buch dargelegt haben, das für die Wirtschaftswissenschaft epochal war: *Information rules.* Darin zeigen sie, dass Netzwerkmonopole eine bestimmte Ablauffrist haben. Den Inhabern der betreffenden Unternehmen empfehlen sie, ihre fragile Monopolstellung dafür zu nutzen, auf benachbarte Märkte zu springen, um sich dort neue Monopole zu sichern. Vor solchen unfairen Methoden der Marktbearbeitung kann selbst ein großes Unternehmen wie Springer, das im Vergleich zu *Google* aber klein ist, durchaus Angst haben. Monopole, wie wir sie heute in der Digitalwirtschaft erleben, also mit 95 Prozent Marktanteil, hat es in der Menschheitsgeschichte zuvor nie gegeben, außer bei öffentlichen Versorgungsnetzwerken wie Strom, Gas, Straße oder Wasser. Wir sind also in besonderer Weise herausgefordert.

Problematisch ist auch, dass die Ingenieure aus dem Silicon Valley und von der dort beheimateten Universität Stanford glauben, dass es buchstäblich für jedes Problem eine technische Lösung gibt. Dabei gibt es aus meiner Sicht ganz zentrale Probleme im menschlichen Zusammenleben, die lassen sich nur durch Verständnis, Toleranz oder Liebe lösen. Liebe ist aber kein Algorithmus. Ihre eindimensionale Sichtweise setzen die Silicon-Valley-Ingenieure in Produkte um, die so gut sind, dass sie von den Menschen geliebt werden. Über diesen Wirkmechanismus exportieren sie ihre Machbarkeitsphilosophie direkt in unseren Alltag und in unsere Kultur.

Sie schreiben in Ihrem Buch »Silicon Valley«, wenn man von diesen Leuten ernst genommen werden will, muss man einen

Begriff benutzen: »Disruption«. Ich glaube mit »Unterbrechung« wäre er nur unzureichend übersetzt, oder?

Es gibt kein deutsches Wort dafür. Unter Disruption wird eine Innovation verstanden, die bestehende Märkte zerstört. Der Gegenbegriff ist die »erhaltende Innovation«. Die kann genauso wegweisend sein, zerstört aber den Markt nicht. Ich gebe ihnen ein Beispiel: Tonträger. Die Ablösung der Schallplatte durch die CD war eine revolutionäre Innovation, die aber nicht disruptiv, sondern erhaltend war. Und zwar deswegen, weil sie die bestehenden Marktstrukturen nicht angetastet hat. Der Plattenhandel blieb bestehen, nur dass man dort statt Schallplatten nun CDs erwarb. Die Presswerke mussten neue Maschinen kaufen, blieben aber bestehen.

Erst mit dem Flatrate-Dienst Spotify kam die disruptive Innovation. Sie machte das einzelne Produkt und den Schallplattenladen auf einem Schlag überflüssig und senkte den Preis auf radikale Weise. Damit sank natürlich auch das Einkommen der Plattenfirmen und der einzelnen. Das heißt nicht unbedingt, dass unter den neuen Bedingungen kein Auskommen zu erreichen ist. Es heißt nur, dass die Marktbedingungen abrupt auf den Kopf gestellt werden.

Im Silicon Valley ist Disruption die Methode der Wahl. Wenn Sie im Silicon Valley bei einem Wagniskapitalgeber eine Investition für eine Firma beantragen, die Software produzieren möchte, mit der Banken effizienter arbeiten können, erhalten Sie aller Wahrscheinlichkeit nach dafür kein Geld. Denn diese Firma hätte, selbst wenn sie extrem erfolgreich wäre, nur ein begrenztes Wachstumspotenzial. Im besten Fall machen Sie damit vielleicht 500 Millionen Dollar Umsatz. Wenn Sie hingegen sagen, dass Sie alle Banken auf der Welt abschaffen und an ihre Stelle eine Plattform setzen möchten, dann bekommen sie dafür Geld. Warum? Weil dieser Ansatz disruptiv ist und sich, wenn alles gut geht, viel mehr lohnen kann.

Von solchen verrückten Ideen würde man als deutscher Investor doch eher die Finger lassen.

Das ist der Fehler der deutschen Investoren, denn man kann mit dieser Form des Investierens viel Geld verdienen. Versetzen wir uns kurz in die Rechenmethode, wenn Sie so wollen: in die kalte kapitalistische Seele des Venture-Kapitalisten, der einen Fonds von 100 Millionen Dollar auflegt. Die statistische Wahrscheinlichkeit, dass ein Start-up scheitert, liegt bei etwa 90 Prozent. Er weiß also, dass 90 Millionen Dollar voraussichtlich ohnehin verloren gehen. Im statistischen Schnitt setzt er 10 Prozent auf das richtige Pferd. Mit diesen 10 Millionen Dollar muss er die 90 Millionen zurück verdienen, die er gerade eben verloren hat. Zusätzlich müssen sie ihm eine hohe Verzinsung einbringen, da sein Risiko hoch ist. Er will aus 100 Millionen Dollar in fünf bis sieben Jahren 200 Millionen machen. Das ist nach Zins- und Zinseszins-Rechnung etwa 7 Prozent pro Jahr. Das bedeutet, dass die Firma, in die er 10 Millionen investiert hat, am Ende 200 Millionen wert sein muss. Nach dem kalifornischen Modell investiert er aber nie in die Firmenmehrheit, denn es handelt sich um Unternehmen, die von ihren Gründern betrieben werden. Und die wollen ihre Mehrheit an den Anteilen nicht verkaufen. Zudem gibt es noch andere Investoren. Aller Wahrscheinlichkeit nach wird der Investor aus unserem Beispiel beim Börsengang oder Verkauf des Unternehmens etwa 10 Prozent an dieser Firma halten. Um auf seine 200 Millionen zu kommen, muss die Firma das Zehnfache dieses Wertes haben. Das heißt, sie muss am Ende zwei Milliarden Dollar schwer sein. Nur disruptive, stark skalierende Modelle schaffen es, in kurzer Zeit in solche Größenordnungen zu kommen.

Können Sie Beispiele nennen, wo das so gelaufen ist?

Facebook, *Twitter*, *Amazon*, im Grunde gibt es kein erfolgreiches Unternehmen, wo das nicht so gelaufen ist. Junge Gründer haben eine Firma aufgestellt und stückweise Anteile verkauft. Die Investoren, die von Anfang an mit dabei waren, haben eine unglaubliche Rendite erzielt. Damit das Start-up einer kleinen jungen Truppe von drei Leuten von Investoren gefördert wird, muss es das Potenzial haben, sieben Jahre später für 2 Milliarden verkauft zu werden. Denken Sie an *WhatsApp*. Diese Firma hat nur fünfzig Mitarbeiter in Mountain View, ist aber für 17 Milliarden verkauft worden. Ein weiteres Beispiel ist *Instagram*. *Kodak* hatte zu seinen besten Zeiten 140.000 Mitarbeiter und war 28 Milliarden Dollar wert. *Instagram* hat nach wie vor nicht mehr als 17 Mitarbeiter und ist für 1,5 oder 2 Milliarden an *Facebook* verkauft worden.

Für Peter Thiel, einen Vordenker des Silicon Valley, sind kapitalistische Monopole der Garant für den Fortschritt. Und dieser münde in der sogenannten Singularität. Was ist das?
Im Silicon Valley spielt das Konzept der Singularität, das in Deutschland noch kaum bekannt ist, eine überragende Rolle. Grundgedanke ist, dass sich der menschliche Geist in Zukunft von seiner neuronalen Grundlage ablösen und in ein digitales Gehirn uploaden lassen wird. Wir würden damit den Tod unseres Körpers überwinden und in der Cloud ein unkörperliches Leben weiterführen. Ich kann nicht ausschließen, dass das tatsächlich einmal möglich sein wird. Aber ich kritisiere, dass die in technische Machbarkeit verliebte Silicon-Valley-Kultur in ihrer Mehrheit versäumt, die Frage zu stellen, was ein solcher Upload für die Gesellschaft und die Demokratie bedeuten würde. In jedem Netzwerk gibt es den Admin, den Webmaster, denjenigen, der die Passwörter kennt und der über die ins Netz hochgeladenen menschlichen Wesen eine unheimliche Macht ausüben würde. Er könnte jeden einzelnen von ihnen löschen, wenn er noch Platz auf der Platte braucht. Er könnte sie komplett auslesen, sie miteinander vermischen und einen Persönlichkeitsmix herstellen.

Zum Beispiel von uns beiden.
Genau.

An dieser Stelle wird manch ein Leser wahrscheinlich denken, die reden über komplett irres Zeug.
Dem würde ich schlicht entgegenhalten, dass es sich um eine graduelle Entwicklung handelt, deren Ende noch nicht sichtbar, wohl aber schon ahnbar ist. Wir sind vielleicht zehn bis zwanzig Prozent dieser Strecke gegangen. Überlegen Sie sich mal, was wir mit unseren Computern und Smartphones an Daten produzieren, die in der Cloud liegen. Die Cloud speichert schon heute einen nicht unerheblichen Teil unseres Wesens.

Dieser Gedanke, den Menschen nicht bloß verbessern zu wollen, sondern gleich auf eine neue evolutionäre Stufe zu heben, erinnert mich sehr stark an das Kalkül der Venture-Kapitalisten.
Sie haben Recht. In der kalifornischen Geschäfts-Welt gibt es einen Ausdruck dafür: »Shooting for the Moon.« Das Konzept der Singularität klingt wie Wahnsinn, doch es handelt sich um ein typisches Silicon-Valley-Projekt. Deswegen wird es dort auch nicht verlacht, sondern richtig ernst genommen. Schauen Sie sich die Liste der Firmenzukäufe an, die *Google* in den letzten Jahren getätigt hat. Der Investitionspfad, den *Google* beschreitet, deckt sich präzise mit dem von Ray Kurzweil in mehreren Büchern vorgezeichneten Schritten auf dem Weg zur Singularität. Durch Zukäufe von Robotertechnik ist der Konzern heute der größte Robotikhersteller der Welt. *Google* ist auch einer der größte Cloud-Betreiber. Das Unternehmen investiert sehr viel Geld in die Erforschung der Schnittstellen zwischen Elektronen und Nervensystem. Im vergangenen Jahr hat *Google* eine Firma gegründet, in der sich ausgezeichnete Biotechniker mit der Frage befassen, wie der biologische Tod des Körpers so lange wie möglich hinausgezögert werden kann. Man könnte das als Zufall betrachten, wenn nicht der bereits erwähnte Ray Kurzweil als Chefingenieur von *Google* eine immens wichtige Stellung bekleiden würde. Er verfügt über die Mittel, seine Vision Wahrheit werden zu lassen. Er ist außerdem Mitgründer sowie Betreiber der von *Google* mitfinanzierten *Singularity University*, die ihren Platz etwa drei Kilometer von der *Google*-Zentrale entfernt auf einem alten NASA-Gelände gefunden hat.

6. Roboterherrschaft auf dem Lehrplan

Wie die Ideen in die Köpfe kommen – Think-Tanks und Universitäten

Wäre die Singularitäts-Ideologie nur in Form von Behauptungen einiger Konstrukteure und spekulativer Autoren existent, wäre sie wenig relevant. Wirksam wird sie dadurch, dass es Institutionen gibt, die sie zu verbreiten helfen. Mittlerweile wird das entsprechende Gedankengut von Führungskräften aus Wirtschaft und Politik regelrecht eingeübt.[161] Die bekanntesten Einrichtungen, in denen das derzeit passiert, sind die im September 2008 von Ray Kurzweil und Peter H. Diamandis auf dem NASA-Campus im Silicon Valley gegründete *Singularity University*, das im Jahr 2000 noch unter anderem Namen gegründete *Machine Intelligence Research Institute* (MIRI) sowie das von dem Philosophieprofessor Nick Bostrom gegründete *Future of Humanity Institute* (FHI) an der britischen Universität Oxford. Hinzu kommen Organisationen der transhumanistischen Bewegung wie *Humanity+* sowie Projekte von Superreichen. Hierzu gehört die *2045 Initiative* des russischen Milliardärs Dmitri Itzkow.

---

161 Entscheidend sind die »Praxen und Rituale, welche, in je spezifischer Anordnung, die ideologische Unterstellung als Tätigkeit organisieren«, heißt es in einer einschlägigen Publikation zum Thema Ideologie: Klaus Weber (Hg.): Projekt Ideologietheorie: Faschismus und Ideologie, Hamburg 2007, S. 25

Das Foresight Institute: Die Verheißungen der Nanotechnologien

Eine wichtige Rolle in den Zukunftsszenarien der Singularitätsgläubigen spielen Fortschritte bei der Entwicklung sogenannter Nanotechnologien. Um beispielsweise das Altern des menschlichen Körpers aufzuhalten, sollen Zellen von winzigen Robotern, sogenannten Nanobots, repariert werden können. Entsprechende Maschinen, die auf molekularer Ebene arbeiten sollen, pries Eric K. Drexler schon in den 1980er Jahren als technologisches Allheilmittel gegen jede Krankheit und darüber hinaus nahezu jedes sonstige Menschheitsproblem an. Ob es um die Zerstörung der Umwelt, die Verbesserung der Welternährung, die Beseitigung von Dürren, die Lösung des Energieproblems oder die Bekämpfung von Armut geht: Überall sollen nach Ansicht des Zukunftsforschers selbsttätig agierende Mikromaschinen schon bald ihre segensreiche Wirkung entfalten. Ausgemalt hat er diese Szenarien in dem 1986 erschienenen Buch *Engines of Creation*. Im Jahr zuvor hatte sich der Schriftsteller, Sozialhistoriker und Komponist Hans G Helms mit dem damaligen Kopf einer Studiengruppe für Nanotechnologie des *Labors für Künstliche Intelligenz* am *Massachusetts Institute for Technology* (MIT) getroffen.[162] Die eigentliche Perspektive

162 Helms zitiert aus einem Informationsblatt, das die Studiengruppe damals verbreitete: »Nanomaschinen werden der Schlüssel zur Nanotechnologie sein. Insofern Moleküle Objekte von bestimmter Größe, Gestalt, Masse und Festigkeit sind, können sie als bewegliche Teile in Nanomaschinen verwendet werden. Wohlbekannte biochemische Systeme – wie der geißelartige Drehmotor, der Bakterien antreibt, oder das Muskeleiweiß, das Muskeln bewegt – belegen, dass es molekulare Maschinen gibt und dass sie funktionieren. … Molekulare Maschinen können molekulare Maschinen bauen. Enzyme steuern die schnelle Montage und Demontage molekularer Strukturen. Ribosomen fungieren als numerisch gesteuerte Werkzeugmaschinen, die unter programmierter Kontrolle molekulare Geräte montieren, in diesem Fall Proteinmoleküle. … Gentechnologien verwenden DNS, um bakterielle Ribosomen so zu programmieren, dass sie natürliche (aber fremde) Proteine anfertigen. … Endlich werden wir lernen, Proteine herzustellen, die – wie die Proteine in einer Zelle – eine Vielzahl verschiedenartiger chemischer und mechanischer Funktionen ausführen.« (Zit. nach: Helms, a. a. O., S. 162)

solcher Forschung, so Helms, sei die Kapitalvermehrung ohne Arbeit. Sobald die notwendigen Werkzeuge und Programme vorhanden seien, »wird der Bedarf an menschlicher Arbeit zur Umwandlung von Rohstoffen und Energie in Produkte auf Null absinken. Damit stehen wir vor einer ganz neuen Form der Kapitalvermehrung: anstatt sich kraft des Einsatzes einer gewaltigen Menge menschlicher Arbeit über Jahrzehnte hin zu verdoppeln, wird sich das Anlagekapital dann ohne jede menschliche Mitwirkung binnen Stunden verdoppeln.«[163] Die von Drexler in Aussicht gestellten Verheißungen, den Sieg über den Krebs, die Lebensverlängerung, bewertete Helms als Ablenkungsmanöver vom eigentlichen Zweck der betreffenden Forschungen. Der sei ein militärischer: »Das Gehirn soll so ein- und abgerichtet werden, dass es nach eingespeisten Programminstruktionen genauso unwiderspenstig funktioniert wie eine computergesteuerte Maschine.«[164] In einem Informationsblatt, das Drexlers Studiengruppe am MIT damals verbreitete, wurden neben den ökonomischen Aussichten die militärischen Möglichkeiten herausgestellt. Das militärische Interesse an der Nanotechnologie werde wahrscheinlich zu einer ähnlich gewaltigen Kraftanstrengung führen, wie es das Manhattan-Projekt gewesen ist. Der Vergleich mit der unvorstellbares Elend bringenden Gewalt der Atombombe ist verräterisch. »Der Vergleich mit dem Manhattan-Projekt besagt klipp und klar, dass die Nanotechnologien allen Beschwichtigungen zum Trotz Destruktion und Herrschaft im Sinn haben«, urteilte Helms.[165] Ebenfalls 1985 gründete Drexler, dessen Engagement für die Nanotechnologie »die Stanford University mit einer Professur belohnt«[166] hat, mit seiner damaligen Ehefrau Christine Peterson in der Ortschaft Palo Alto, also im Zentrum des Silicon Valley, das *Foresight Institute.* Von hier aus werden jährliche Konferenzen organisiert, mehrere Preise für wissenschaftliche und publizistische Leistungen in Sachen Nanotechnologien vergeben und

163 Ebd., S. 163

164 Ebd., S. 165

165 Ebd., S. 164

166 Ebd., S. 185

ein Newsletter herausgegeben. Das Institut bezweckt, Geldgeber und Entscheider in Unternehmen, Regierung und Militär für die Möglichkeiten der Nano-Forschung zu interessieren. Mit einigem Erfolg: 1992 gelang es Drexler, dem damaligen Senator Al Gore das Bauen mit Molekülen als eine besonders umweltfreundliche Technologie schmackhaft zu machen.[167] Und US-Präsident William »Bill« Clinton startete im Jahr 2000 ein milliardenschweres Förderprogramm für Nanotechnologien, das bis heute läuft.[168] Im ersten Jahr genehmigte der Kongress ein Gesamtbudget von 465 Millionen Dollar, 2006 überschritt es die Milliarden-Dollar-Grenze, 2009 sogar die Zwei-Milliarden-Dollar-Schwelle. Den Lobbyisten war es gelungen, den Forschungspolitikern Grundlagenforschung in Form einer noch nicht existenten ›Technologie‹ zu verkaufen, die angeblich einmal die US-Wirtschaft komplett umkrempeln und wettbewerbsfähig halten soll – ein gigantisches Versprechen«, so der Wissenschaftsjournalist Christian J. Meier.[169]

Heute wirkt Eric K. Drexler nicht mehr am *Foresight Institute*, sondern an der Oxford University in Großbritannien. Seine Ideen über die an Zauberkraft erinnernden Potenziale der Nanotechnologien sind jedoch aus den Denklaboren des Silicon Valley nicht mehr wegzudenken. Sie bilden die Grundlage für Spekulationen, wie sie beispielsweise an der *Singularity University* verbreitet werden: »Die heute zur Verfügung stehenden Mittel sind unglaublich: Computer, Nanomaterial, biologische Kontrolle des Lebens. … Dazu kommen all die Gebiete mit exponentiellem Wachstum wie Computer, Com-

167 Vgl. Christian J. Meier: Nano. Wie winzige Technik unser Leben verändert. Darmstadt 2014, S. 128

168 Offenkundig inspiriert von Drexlers Visionen war Clinton, als er im Januar 2000 am *California Institute of Technology* in Pasadena die Vorzüge künftiger Nanotechnologien pries: »Stellen Sie sich vor: Materialien zehnmal so stark wie Stahl mit nur einem Bruchteil von dessen Gewicht; Schrumpfen der gesamten Information der Library of Congress in einen Informationsspeicher von der Größe eines Zuckerwürfels; Detektieren von Tumoren, die erst wenige Zellen groß sind« (zit. nach: Christian J. Meier, a. a. O., S. 41)

169 Vgl. Christian J. Meier, a. a. O., S. 129

putersysteme, Quantenrechner, Molekularcomputer, Netzwerke und Sensorensysteme, das Internet sowie jede Maschine, die eine verständliche und überall hin weiterleitbare IP-Adresse haben wird, schwache und starke Künstliche Intelligenz, Robotik, Biotechnik, Bioinformatik, wovon ein Teil die synthetische Biologie ist, welche Lebensformen kreiert, die spezielle Arbeiten verrichten, Mensch-Maschine-Schnittstellen, das Gehirn verstehen, Gehirn-Computer-Schnittstellen, zukünftige Stammzellenmedizin, die Möglichkeit, Teile des Menschenkörpers zu verjüngen und ein längeres gesundes Leben zu haben, Nanomaterial und Nanotechnik. All diese Gebiete weisen ein exponentielles Wachstum auf. Sie werden innerhalb von ein bis drei Jahren so weit verbessert, dass sich ihr Preis-Leistungsverhältnis verdoppelt. All diese Mittel machen uns außergewöhnlich mächtig, was früher eventuell als gottesähnlich empfunden worden wäre«, so Peter Diamandis, Mitbegründer der *Singularity University*, in einem Interview.[170] Er und Drexler beschwören in ihren jeweiligen Büchern die vermeintlich heraufziehende Gesellschaft des technologisch erzeugten Überflusses.[171]

Ray Kurzweil wiederum sieht durch die Nanotechnologie einen Rüstungswettlauf in Gang gesetzt, der zwangsläufig in der Entwicklung superintelligenter Maschinen mündet. Er macht sich auch Gedanken über das zerstörerische Potenzial der Mikromaschinen: »Die Nanotechnik – welche tausendfach stärker, schneller und intelligenter ist als biologische Systeme – wird jedoch eine neue Existenzbedrohung durch selbstreplizierende Nanobots mit sich bringen. Diese Bedrohung wird wiederum durch starke künstliche Intelligenz aufgehoben werden, welche ihrerseits neue Bedrohungen durch ›bösartige‹ KI schaffen wird«.[172]

---

170 Peter Diamandis, in: Basil Gelpke / Alexander Kluge: Mensch 2.0. Die Evolution in unserer Hand. DVD, 2011

171 Gemeint sind: Diamandis / Kotler, a. a. O. (im Original: Abundance: The future ist better than you think) und Eric K. Drexler: Radical Abundance. How a Revolution in Nanotechnology will change Civilisation, New York 2013

172 Kurzweil, a. a. O., S. 415

Die Singularity University

Die Erwartungen, mit denen sich Absolventen und Mitarbeiter der *Singularity University* (SU) konfrontiert sehen, sind denkbar hoch. Anlässlich ihrer Eröffnung im Jahr 2008 auf dem NASA-Campus sagte *Google*-Mitgründer Larry Page: »Ich gehe nach einem ganz einfachen Kriterium vor: Arbeiten Sie an etwas, das die Welt verändern kann? Ja oder Nein? 99,99999 Prozent aller Menschen müssen diese Frage verneinen. Ich finde, wir sollten hier Leute ausbilden, damit sie lernen, wie man die Welt verändern kann. Natürlich geht das nur mithilfe bestimmter Technologien. Diese Lehre können wir aus der Vergangenheit ziehen – das ist es, was Veränderungen bewirkt.«[173] Und Peter Diamandis formulierte den Anspruch: »Wir erwarten, dass die nächste Generation von Multi-Milliarden-Dollar-Unternehmen aus der Universität hervorgeht.«[174]

Kleiner geht es offenbar nicht, wenn man im Silicon Valley für Aufsehen sorgen will. Christoph Keese hat sich die private Weiterbildungseinrichtung für Führungskräfte näher angeschaut. »Schon aus der Ferne sehen Autofahrer auf dem Highway 101 das riesige Stahlskelett des alten Hangars auf dem Moffet Federal Airfield von Mountain View«,[175] schreibt er in seinem Buch über das Silicon Valley: »Zur Rechten liegen die zwei Landebahnen des Militärflughafens. Wenn Barack Obama seine Freunde und Großspender im Silicon Valley besucht, landet die Air Force One genau hier. Zur Linken liegt das *NASA Ames Research Center*. Gleich daneben, im Schatten des Hangars, untergebracht in einem stattlichen Herrenhaus spanischen Stils mit rotem Walmdach und wuchtigem Portal, residiert die *Singularity University*.«[176]

Die private Lehranstalt erhielt von Anfang an die Unterstützung des technologisch-militärischen Komplexes der USA. Simon Worden, ein Air-Force-General im Ruhestand, der das Nationale Zentrum für

173 Zit. nach: Diamandis / Kotler, a. a. O., S. 102 f

174 In: The Telegraph Online, 24.8.2014

175 Keese, a. a. O., S. 259

176 Ebd.

Weltraumforschung im kalifornischen Mountain View leitet, vermittelte die Räumlichkeiten. Kern ist ein zehnwöchiges Schulungsprogramm für 80 Uni-Absolventen, das 2009 gestartet wurde und für das sich jährlich zwischen 3.000 und 4.000 Interessenten aus aller Welt bewerben sollen. Jeder von ihnen müsse sich einem strengen Auswahlverfahren unterziehen.[177] Und viele von denen, die am Ende genommen werden, hätten bereits mindestens eine eigene Firma gegründet. Untergebracht werden sie in nahe gelegenen Wohnungen auf dem NASA-Gelände.

Nachdem sie sich für 30.000 Dollar fünf Wochen lang Vorlesungen von Leuten wie Kurzweil, Diamandis, Page, Internet-Pionier Vint Cerf oder *Wired*-Mitgründer Kevin Kelly angehört haben, arbeiten die Teilnehmer in fünf- bis sechsköpfigen Teams an Geschäftsideen, die innerhalb von zehn Jahren einer Milliarde Menschen vermeintlich helfen und die Grundlage für ein Start-up sein sollen. Die Studierenden verlassen die Einrichtung ohne offiziell anerkannte Qualifikation. Dennoch wird sie von manchen Zeitungen als Kaderschmiede des Silicon Valley betrachtet. Bei der Finanzierung helfen die vier- und sechstägige Kurse für CEOs, Unternehmer, Hedgefonds-Manager und Risikokapitalgeber. 12.000 Dollar muss bezahlen, wer an so einem Workshop teilnehmen will. Konzerne wie *Coca-Cola* oder Organisationen wie UNICEF wiederum können Büros auf dem Campus mieten.

Bei der Gründung anwesend waren Vertreter der NASA, Forscher aus Stanford, Berkeley und weiteren US-Elitehochschulen sowie Vorstandsmitglieder der Unternehmen *Google*, *Autodesk*, *Microsoft*, *Cisco* und *Intel*. Auch *Nokia* und *Genentech* werden zu den Partnern der Universität gezählt. »*Google* zählt zu den Hauptsponsoren der *Singularity University*.«[178] SU-Chef Rob Nail sagte: »Die Studenten erhalten hier eine andere Diskussionsebene und eine andere Perspektive dafür, wie die Zukunft aussehen könnte – eine viel optimistischere und objektivere als das, was wir von den Medien aufgetischt bekommen.«[179]

---

177 Vgl. The Telegraph Online, 24.8.2014

178 Keese, a. a. O., S. 266

179 Gegenüber der Zeitschrift Technology Review (11/2014).

Kernfächer der *Singularity University* sind Biotechnologie und Bioinformatik, Computersysteme, Netzwerke und Sensoren, künstliche Intelligenz, Robotik, digitale Herstellung, Medizin sowie Nanomaterialien und Nanotechnik. »Heute können kleine Gruppen leisten, wozu früher nur Regierungen oder große Firmen imstande waren, zum Beispiel Weltraumflüge, Genomsequentierung oder Roboter auf dem Mond. Aber es gab keinen Ort, wo man das Neuste über die exponentiellen Technologien erfahren konnte. Wohin führen sie alle und was wird dadurch entstehen? Aus diesem Grund wurde die *Singularity University* gegründet. Hier können führende Kräfte lernen, wo die Technik in fünf bis zwanzig Jahren sein wird und wie man diese Technik nutzen kann, um die großen, herausfordernden Probleme der Menschheit zu lösen«, führt Peter Diamandis aus, der selbst an am *Massachusetts Institute of Technology* Molekulargenetik und Raumfahrtingenieurwesen studiert hatte.[180]

Zu den Bedrohungen, die mit Hilfe der dort studierten Techniken eingedämmt werden könnten, zählt Diamandis auch solche der inneren und äußeren Sicherheit. »Die Technik bietet die Möglichkeit über alles auf der Welt auf dem Laufenden zu sein. Dies ist auch ein Hilfsmittel zur Abwehr von Terrorismus.«[181] Den Verlust der Privatsphäre durch totale Überwachung zählt Diamandis nicht zu den Bedrohungen. Für ihn ist sie vielmehr eine Verheißung: »Manche reden davon, dass wir wegen *Facebook* dabei sind, unsere Privatsphäre zu verlieren. Das ist wahrscheinlich gut so. Ohne Privatsphäre kann man nicht verbergen, dass man etwas Böses vorhat. Man kann sich nirgendwo mehr verstecken. Man hinterlässt Fingerabdrücke auf gekaufter Ware. Das bringt die Menschen zur Besinnung. Wenn ich diesen Sprengstoff kaufe oder jenes Flugticket, weiß jeder, wo ich bin. So ist es schwieriger, böse Absichten zu verbergen.«[182] Bei so viel Verständnis für die Interessen des Sicherheits- und Repressionsapparats muss es nicht überraschen, dass zu jenen Führungspersonen, die regelmäßig unter den Se-

180 Gelpke / Kluge, a. a. O.

181 Ebd.

182 Ebd.

minarteilnehmern der *Singularity University* anzutreffen sind, auch ein Direktor der DARPA, der Forschungsagentur des US-Verteidigungsministeriums, gehört.[183]

Die *Singularity University* versteht sich nicht nur als Bildungsanstalt, sondern will darüber hinaus, als sogenannter Inkubator, die Gründung von Technologieunternehmen fördern. Seit sie Ende 2012 von einer gemeinnützigen Organisation in eine sogenannte benefit corporation umgewandelt wurde, darf sie in die Start-ups der eigenen Absolventen investieren. Sie stellt Räumlichkeiten bereit, vermittelt Gelder und Kontakte, Coaching und Mentoring. Dafür gibt es verschiedene Abteilungen: zum Beispiel ein Synthetic Bio Lab und ein Robotik Lab. 45 Start-ups seien aus der SU hervorgegangen, sagte Salim Ismail.[184] Davon habe ein Viertel Gelder von Investoren erhalten können. Darunter waren im Jahr 2013 das Drohnen-Unternehmen *Matternet*, die Bio-Druckfirma *Modern Meadow* sowie das auf die Herstellung von Sensoren zur Früherkennung von Erdbeben spezialisierte Start-up Popquake. Ein Jahr später unterstützen die SU-Labs als Inkubatoren 29 Jungunternehmen mit Expertise und Beziehungen. »Die Gründer sollen bald mehr Platz bekommen. ›Mir schwebt ein modernes Großraumbüro mit separaten Konferenzräumen vor‹, sagt der Deutsche Pascal Finette, geschäftsführender Direktor der SU Labs, der bis vor Kurzem bei *Googles* philanthropischer Organisation *Google.org* arbeitete. So ließen sich Gründer und Unternehmenspartner näher zusammenbringen. Die SU hat laut Finette Kapazitäten für bis zu 200 Neugründungen. Wer die Welt allerdings lediglich um eine App bereichern will, den verweist Rob Nail an klassische Geldgeber. Die SU fühlt sich eher zuständig für die dicken Bretter. ›Wer etwa Fleisch in industriellem Umfang synthetisch herstellen will, der braucht Mentoren und muss mit Konzernen, Regierungen und Investoren zusammengebracht werden – und dieses Netzwerk können wir bieten.‹«[185]

---

183 Vgl. The Telegraph Online, 24.8.2014

184 Gegenüber dem Technikmagazin Wired (Heft 5/2013)

185 So Technology Review (11/2014)

Viel Aufwand wird von Seiten der *Singularity University* betrieben, die vermeintlich frohe Botschaft vom exponentiellen Wachstum des technologischen Fortschritts durch High-Tech-Unternehmen auf dem Globus zu verbreiten. »Ein 2000 Mann starkes Ehemaligen-Netzwerk trägt die Botschaft in die Welt hinaus. Zu den mächtigsten SU-Freunden gehören *Google*-Mitgründer Larry Page oder der der *PayPal*-Mitgründer Peter Thiel.«[186] In vielen Ländern unterhält die Einrichtung eigene Botschafter. Wichtiger noch sind die Konferenzen, welche die *Singularity University* alljährlich ausrichtet. Am 19. und 20. November 2014 bot sie in Amsterdam unter der Überschrift *Exponential technology will disrupt all industries* ein mit Ingenieuren, Wissenschaftlern und Ökonomen der *Singularity University* bzw. ihres intellektuellen Umfeldes besetztes Programm auf, in dessen Genuss jedoch nur kam, wer 2.000 Euro für die Eintrittskarte bezahlen konnte. Die Zielgruppe besteht aus sogenannten Führungskräften aus Wirtschaft und Politik sowie finanziell besser gestellten Kreisen. Den rund 15 Vorträgen über Themen wie disruptive Innovation, die Zukunft der Medizin, 3D-Drucker, den technologisch zu erreichenden Überfluss sowie Robotik und künstliche Superintelligenz war ein äußerst aggressive Motto vorangestellt: »disrupt or be disruptet«. Zu den Referenten gehörten Peter H. Diamandis, SU-Gründungsdirektor Salim Ismail[187], der Ökonom John Hagel, der derzeitige SU-Direktor Rob Nail sowie der ehemalige SU-Präsident Neil Jacobstein, der als Experte für künstliche Intelligenz unter anderem die US-Luftwaffe, die US-Army sowie die DARPA beraten hat. Wie Hagel[188] steht er in Verbindung mit dem *Aspen Institute*, für das er als Mitglied des *Socrates Program Comittee* gearbeitet hat.[189] Hinzu kommen neben Brad

186 Ebd.

187 Er war zuvor Vize-Präsident bei *Yahoo* und leitete *Brickhouse*, die Ideenschmiede des Konzerns.

188 Der Experte für Geschäftsstrategien im Bereich Internet-Business war zudem als Berater für das *World Economic Forum* und das *Santa Fe Institute* tätig.

189 Jacobstein ist zudem Autor der *Foresight Guidelines* für eine verantwortliche Entwicklung der Nanotechnologie.

Templeton, Direktor am *Foresight Institute*, noch andere Singularitätsanhänger wie Raymond McCauley, Andre Wagner, Daniel Kraft, Nick Hahn, Yuri van Geest und David Roberts.

Das Machine Intelligence Research Institute (MIRI)

Im Unterschied zur *Singularity University*, die sich für ein breites Spektrum an Themen interessiert, die mit dem exponentiellen Wachstum von Technologien in Verbindung stehen, widmet sich das von dem KI-Forscher Eliezer Yudkowsky sowie den Internet-Unternehmern Brian und Sabine Atkins gegründete *Machine Intelligence Research Institute* (MIRI) den Konsequenzen der technologischen Singularität. Die Einrichtung hieß bei ihrer Gründung im Jahr 2000 zunächst *Singularity Institute for Artificial Ingelligence*, später nur noch *Singularity Institute*. Seit Januar 2013 trägt sie ihren heutigen Namen, um einer Verwechslung mit der *Singularity University* vorzubeugen. Dem wissenschaftlichen Beirat gehören der Philosoph Nick Bostrom, der am Projekt der Unsterblichkeit arbeitende Gerontologe Aubrey de Grey sowie die Mitgründerin des *Foresight Institute*, Christine Peterson, an. Hinzu kommt der Milliardär Peter Thiel, der einen großen Teil der Finanzierung beisteuert. 2014 wurde unter dem Kürzel SIAI-CA schließlich ein kanadischer Zweig des MIRI gegründet.

Wie Ray Kurzweil und Peter H. Diamandis gehen die Betreiber davon aus, dass die Entwicklung einer Superintelligenz in einem überschaubaren Zeitraum möglich, ja sogar wahrscheinlich ist. Während die Kollegen von der *Singularity University* die meiste Zeit nach Kräften darum bemüht sind, die dann nicht mehr von Menschen beherrschte Welt in den schillerndsten Farben zu schildern, konzentriert man sich hier auf die Risiken der technologischen Singularität. Insbesondere widmet man sich der Frage, wie der Gefahr einer Auslöschung der Menschheit durch superintelligente Maschinenwesen durch entsprechende Maßnahmen zu begegnen sei.

Michael Vassar, der ehemalige Präsident des MIRI, meint, es gehe darum, den künstlichen Wesen, die das Erbe des Menschen antreten sollen, humane Werte zu vermitteln. Andernfalls stehe nicht nur die Zukunft der Erde auf dem Spiel. »MIRIs Mission ist es, dafür zu sorgen, dass sich die Technologische Singularität in der bestmöglichen Weise ereignet, um die bestmögliche Zukunft für das Universum herbeizuführen«, sagte Vassar dem Publizisten James Barrat.[190] Seine Äußerung macht deutlich, wie nahe man den eingeschworenen Singularisten trotz des vorgeblich kritischeren Zugangs zu Fragen der künstlichen Intelligenz steht. Hierzu passt, dass dem Institut von 2007 bis 2010 kein anderer als Ray Kurzweil als Direktor vorstand. In einem Interview sagte er: »Die größte Gefahr ist, dass sich Systeme, die viel gescheiter sind als wir, gegen uns wenden. Deswegen gibt es viele Diskussionen darüber, wie wir dafür sorgen können, dass diese künstlichen Intelligenzwesen der Zukunft auch freundlich bleiben, dass sie menschliche Werte hochhalten. Auch dazu gibt es viele Ideen.«[191] Zum Schluss siegt bei ihm, wie es sich für einen *Google*-Ingenieur geziemt, der technologische Optimismus.

Den richtigen Umgang mit künstlicher Intelligenz wollen die Mitarbeiter des MIRI nicht bloß erforschen, sondern auch einüben. Mit Hilfe von sogenannten Rationality boot camps wollen das MIRI und seine Schwesterorganisation *Center for Applied Rationality* (CFAR) die zukünftigen KI-Konstrukteure und politisch Verantwortlichen für die Technologieentwicklung im »rationalen Denken« schulen, um die Entwicklung der künstlichen Intelligenz auf ungefährliche Bahnen zu lenken. Seit 2005 richtet man zudem jedes Jahr eine zweitägige Konferenz zum Thema technologische Singularität aus. Auf dieser Veranstaltung treffen sich jedes Mal etwa 1.000 Programmierer, Neurowissenschaftler, Unternehmer und Erfinder, um sich über die Entwicklung der künstlichen Intelligenz auszutauschen. 2011 waren unter den Referenten der Mathematiker Stephen Wolfram, der *Facebook*-Investor und *PayPal*-Gründer Peter Thiel sowie David Ferrucci, der Chefentwickler des *IBM*-KI-Projekts *DeepQA/Watson*. Gewöhnlich gibt es Vorträge von sogenannten Extropianern über Technologien und Heil-

190 Barrat, a. a. O., S. 47

191 Ray Kurzweil, in: Gelpke / Kluge, a. a. O.

methoden, die das ewige Leben ermöglichen sollen, und von Transhumanisten, welche nach Möglichkeiten forschen, die physischen und geistigen Qualitäten des Menschen technisch zu verbessern.

Neben diesen Konferenzen entfalten die Mitarbeiter des MIRI eine rege Publikationstätigkeit. Zuletzt erschien das E-Book *Smarter Than Us: The Rise of Machine Intelligence.* Autor Stuart Armstrong hat es im Auftrag des MIRI geschrieben. Er arbeitet sonst als wissenschaftlicher Mitarbeiter des *Future of Humanity Institute* (FHI) an der britischen Oxford University.

Das Future of Humanity Institute

Beim 2005 gegründeten FHI handelt es sich um ein der Philosophischen Fakultät der Oxford University zugehöriges Institut, dessen Mitarbeiter sich mit der Einschätzung des Gefahrenpotenzials von sogenannten Risikotechnologien beschäftigen. Das Institut finanziert sich laut Auskunft seiner Homepage wenigstens zum Teil durch die Einwerbung von Spenden. Es tritt mit dem Anspruch auf, sogenannte Entscheidungsträger in Politik und Wirtschaft dabei zu beraten, welche existentiellen Risiken, die mit technischem Fortschritt einhergehen, vorrangig beachtet und bekämpft werden müssen.

Dabei definiert Nick Bostrom, Oxford-Professor für angewandte Ethik und zugleich Gründungsdirektor des FHI,[192] existentielle Risiken als solche, bei denen das Fortbestehen der Menschheit als ganze auf dem Spiel steht. In *Sternstunde Philosophie*, einer Sendung des Schweizer Fernsehens, erläuterte er: »Es besteht ein großer Unterschied zwischen einem existenzbedrohenden Ereignis und sagen wir einem Atomkrieg, dem 90 oder 99 Prozent der Menschheit zum Opfer fallen, denn dank dem einen Prozent, das überlebt, kann sich die Zi-

---

192 Zudem ist er Gründungsdirektor eines Programms über die Auswirkungen von Zukunftstechnologien an der *Oxford Martin School*, die ebenfalls mit dem FHI verbunden ist. In früheren Jahren war er intensiv mit der Frage befasst, ob eine technologisch weiter entwickelte außerirdische Zivilisation das uns bekannte Universum in einem Computer simuliert haben könnte.

vilisation in rund 500 Jahren wieder erholen und langfristig ist wieder alles so, als hätte es diesen Atomkrieg nie gegeben. Ein solches Szenario ist etwas völlig anderes als eine Katastrophe, der restlos alle zum Opfer fallen. Denn sie zerstört nicht nur alles existente Leben, sondern alle zukünftigen Generationen, die sonst geboren worden wären.«[193] Zu den existentiellen Risiken in diesem Sinne zählt er solche, die mit den zu erwartenden Durchbrüchen im Bereich der synthetischen Biologie, der Nanotechnologie und der künstlichen Intelligenz verbunden sind. Mit der Gründung des FHI an der international renommierten, altehrwürdigen Universität Oxford bekamen die Anhänger er Singularitäts-Idee auch in Europa einen Fuß in die etablierte akademischen Welt. Offenbar gibt es bei sogenannten politischen Entscheidungsträgern eine Nachfrage an solcherart Expertise. Das *Future of Humanity Institute* gibt auf seiner Homepage an, unter anderem die Vereinten Nationen, das *World Economic Forum*, das US-Außenministerium, das britische Unterhaus und das Büro des Premierministers beraten zu haben. Bostrom selbst betätigte sich bereits als Berater der CIA, eines Bioethik-Rates des US-Präsidenten, der Europäischen Kommission und der in Brüssel ansässigen *European Group on Ethics*.

Humanity+

Vor seinem Wirken als Hochschullehrer war Bostrom eine zentrale Gestalt der transhumanistischen Bewegung, deren Kernideen er selbst wie folgt zusammenfasst: »Irgendwann werden unsere Technologien so hoch entwickelt sein, dass sie ein Desaster auslösen und die Menschheit ausrotten oder eine posthumane Ära einleiten können. Der Transhumanismus befasst sich mit Fragen, die sich daraus ergeben.«[194] Im Jahr 1998 rief er gemeinsam mit dem Philosophen David Pearce die *World Transhumanist Association* ins Leben, die internationale Dachorganisation von Leuten, die eine Verbesserung der physischen und

193 Nick Bostrom, in: *Sternstunde Philosophie*, 20.10.2013, a. a. O.

194 Ebd.

psychischen Beschaffenheit des Menschen durch wissenschaftlich-technische Innovationen anstreben. In der Zeit davor lag der Schwerpunkt der Bewegung in den USA, wo 1988 das Publikationsorgan *Extropy: The Journal of Transhumanist Thought* zum ersten Mal erschien. 1991 gründeten Max More und Tom Bell unter Mitwirkung des Hippie-Gurus Timothy Leary in Kalifornien das *Extropy Institute*, das die Vernetzung einer Szene vorantrieb, in der immer neue private Forschungseinrichtungen, Organisationen und Publikationsorgane entstanden. Dazu gehören das *Foresight Institute* und das *Singularity Institute for Artificial Intelligence.*[195] Bevor das *Extropy Institute* seine Arbeit 2006 einstellte, rief der von England aus operierende Nick Bostrom gemeinsam mit dem Soziologen James Hughes in den USA das *Institute for Ethics and Emerging Technologies* (IEET) ins Leben. 2008 gaben die Mitglieder der *World Transhumanist Association* ihrem Verband den Namen *Humanity+*. Er veranstaltete eine Reihe von Konferenzen und gibt das Magazin *H+* heraus.[196] Für Natasha Vita-More, Vorsitzende von *Humanity+*, ist der Gleichheitsgedanke ein Relikt der Vergangenheit. Sie fordert stattdessen: »Wir sollten die Diversität fördern und es ermöglichen, dass manche Menschen sich weiterentwickeln möchten, andere nicht.«[197]

Nick Bostrom hat sich mittlerweile als Aktivist aus der Bewegung zurückgezogen. Im Gespräch mit dem Schweizer Fernsehen sagte er dazu: »Ich bin vor allem Forscher und Philosoph und weniger ein Organisator. Die transhumanistische Bewegung ist eine zusammengewürfelte Vereinigung verschiedenster Leute mit sehr unterschiedlichen Überzeugungen, die ich nicht alle unterschreiben könnte. Es ist

---

195 Hierhin gehören außerdem Stiftungen, Institute und Lobbyvereinigungen wie die *Alcor Life Extension Foundation*, die *Life Extension Foundation*, *Transhumanist Arts & Culture*, *The Extropist Examiner*, das *Immortality Institute* und *Betterhumans.*

196 Publizistische Vorläufer sind das 1998 gegründete *Journal of Transhumanism*, das 2004 in *Journal of Evolution and Technology* umbenannt und vom *Institute for Ethics and Emerging Technologies* herausgegeben wurde.

197 Zit. nach: Boris Hänssler: Verbesserte Menschen. Die vielleicht gefährlichste Idee der Welt, in: Süddeutsche Zeitung, 8.6.2013

eine Basisbewegung. Da gibt es kein Manifest, in dem alles festgelegt ist und keine Person, die bestimmt, was richtig und was falsch wäre. Deshalb sind dort alle möglichen Ansichten vertreten. Es gibt auch technische Utopisten. Diese Leute sehen sich als technologische Vorreiter und feiern jeden technischen Fortschritt. Ich finde, sie haben eine naive Vorstellung von Technologie. Man sollte Erfindungen von Fall zu Fall beurteilen. Technologie kann für Gutes und für Schlechtes eingesetzt werden. Unkritische Technologiegläubigkeit macht für mich keinen Sinn.«[198] Solche Bekenntnisse hindern Mitarbeiter des von ihm geleiteten Forschungsinstituts in Oxford allerdings nicht, Projekte zu unterstützen, in denen es um die rasche technologische Realisierung menschlicher Unsterblichkeit geht.

2045 Initiative

Ein Mitarbeiter des *Future of Humanity Institutes* namens Anders Sandberg hat einen offenen Brief an UNO-Generalsekretär Ban Ki-moon von März 2013 unterschrieben, in dem eine Gruppe von 23 Personen – darunter Physiker, Neurowissenschaftler, Robotiker, KI-Forscher, Ingenieure, Philosophen und Unternehmer – die Vereinten Nationen dazu auffordern, die Entwicklung von Roboter-Avataren, Gehirn-Computer-Schnittstellen und künstliche Nachbildungen des Gehirns voranzutreiben, um die Verpflanzung des menschlichen Bewusstseins in einen nicht-biologischen Körper zu ermöglichen. Die Unterzeichner, darunter Ray Kurzweil und Peter H. Diamandis,[199] wollen den

198 Nick Bostrom, in: *Sternstunde Philosophie*, 20.10.2013, a. a. O. Bostrom fährt fort: »Ich teile auch nicht die Euphorie jener Transhumanisten, die glauben, dass wir gewisse Durchbrüche schon bald erleben. Sie sind überzeugt, wir seien ganz nahe dran und würden in wenigen Jahren den Goldrausch erleben. Als schreite die Entwicklung der Künstlichen Intelligenz stetig voran und käme an einem vorhersehbaren Moment zum Durchbruch. Ich denke, dafür gibt es keine Hinweise. Es gibt noch andere transhumanistische Auswüchse und Ideen, denen ich nicht zustimmen kann.« (Ebd.)

199 Bei den übrigen Unterzeichnern des offenen Briefes vom 11.3.2013 handelt es sich um: James Martin, Theodore Berger, Robert Thurman, Amit Gos-

menschlichen Geist von seinen biologischen Grundlagen ablösen und die Evolution der menschlichen Gattungen auf diese Weise auf die nächste Stufe heben: die der Unsterblichkeit. Angeführt wurde die Aktion, die damals nicht die gewünschte Aufmerksamkeit der Weltöffentlichkeit erhielt, von dem russischen Milliardär Dmitri Itzkow. Der in Brjansk geborene Sohn des Direktors eines Musiktheaters und einer Lehrerin war mit dem Unternehmen *New Media Stars* reich geworden[200] und investiert seit 2011 einen Teil seines Vermögens in die Entwicklung und Propagierung von Technologien, mit deren Hilfe die Menschen schon im Jahr 2045 ihre Persönlichkeit in einen Computer übertragen können sollen. Den Schlüssel dazu stellen Roboterkörper dar, sogenannte Avatare. Um das Vorhaben in Russland politisch voranzubringen, hat er die Partei *Evolution 2045* gegründet und eine Reihe von Projekten initiiert. Er will eine internationale soziale Bewegung anstoßen, ein Kommunikationsnetzwerk (immortal.me) installieren, die für sein Ziel relevanten Forschungsbeiträge in einem wissenschaftlichen Zentrum (*Immortality*) zusammenführen, den auf diesen Gebieten arbeitenden Start-ups mit Hilfe eines Inkubators den Weg zum wirtschaftlichen Erfolg weisen, eine Universität für die Unsterblichkeit gründen und einen jährlichen Preis für in dieser Hinsicht vorwärtsweisende wissenschaftliche Beiträge ausloben. Bereits realisiert hat er den *2045 Global Future Congress*, eine seit 2012 jährlich stattfindende Konferenz. Mindestens 750 Dollar Eintritt musste berappen, wer daran Mitte Juni 2013 zwei Tage lang im New Yorker *Lincoln Center* in Manhattan teilnehmen wollte. Einige der rund 30 vortragenden Wissenschaftler und Technopropheten kamen von Universitäten wie Harvard, Berkeley sowie dem *Massachusetts Institute of Technology*. Nicht alle von ihnen werden Itzkows Vision, dass der Durchbruch zur Unsterblichkeit praktisch vor der Tür steht, in vollem Umfang geteilt ha-

---

wami, David Hanson, Alexander Kaplan, Ben Goertzel, Natasha Vita-More, Randal Koene, Stuart Hameroff, Ken Hayworth, David Dubrovsky Witali L. Dunin-Barkowski, Alexander Panov, William Bushell, Lazar Puhalo, Swami Vishnudevananda Giri Ji Maharaj, Allan Brill sowie Nigel Ackland.

200 Er ist ein ehemaliger Geschäftspartner Konstantin Rykows, des »unangefochtenen Gottvaters des russischen Internets« (Evgeny Morozov).

ben. Doch mag auch die Skeptiker der Gedanke gereizt haben, dass die ambitionierte Avatar-Idee in Zukunft eine ganze Reihe von neuen Start-up-Unternehmen beflügeln könnte.

Transhumanistische Arbeitsteilung

Bei näherer Betrachtung erweist sich, dass jene Institute, welche den technologischen Fortschritt qua Nanotechnologien oder künstlicher Intelligenz propagieren und solche, die sich vorgeblich mit den Risiken der genannten Technologien befassen, aus dem gleichen transhumanistischem Holz geschnitzt sind. Propheten und vermeintliche Kritiker der technologischen Singularität bilden so etwas wie ein Zitationskartell. Peter Thiel stützt die Argumentation seines Buchs *Zero to one* auf Nick Bostroms Zukunftsprognosen. Dieser zieht in seinem eigenen Buch *Superintelligenz* zahlreiche Untersuchungen der Mitarbeiter des *Machine Intelligence Research Institute* heran. Ray Kurzweil wiederum zitiert bereits in seinem Buch *The Singularity is near* sowohl Untersuchungen von Bostrom und Eric K. Drexler als auch solche des MIRI.

Während *Humanity+* eine Plattform für Aktivisten ist, arbeitet das *Future of Humanity Institute* unter der Überschrift Zukunfts- und Risikoforschung an wissenschaftlichen Expertisen. Mit Hilfe des *Institute for Ethics and Emerging Technologies* wiederum versucht man direkten Einfluss auf politische Entscheidungsträger auszuüben. Gemeinsame Grundlage von *Singularity University*, *Machine Intelligence Research Institute*, *Forsight Institute* und *Future of Humanity Institute* ist der Glaube, dass die Ablösung oder Überwindung des heutigen Menschen durch die künstliche Intelligenz im Grunde unabwendbar ist. Ob sie sich aber nun für die möglichst rasche Etablierung solcher Superintelligenz stark machen oder auf ihre Risiken fokussieren: beide Sichtweisen strukturieren einen Diskurs, der davon ablenkt, dass die Probleme, die Menschen heute miteinander und mit ihrer natürlichen Umwelt haben, Folgen menschlichen Handelns sind und auch durch kluges kollektives Handeln gelöst werden müssen.

7.
Fiktion und Wirklichkeit (I)

Shooting for the Moon – oder: Milliardäre im Weltall

Manche Milliardäre träumen nicht nur von der künftigen Besiedelung des Kosmos mit Hilfe von superintelligenten Robotern, sondern greifen stattdessen buchstäblich nach den Sternen. Das heißt, sie betätigen sich selbst als Weltraumunternehmer. Eine Weltraumexpedition der besonderen Art ist der größte Traum von Elon Musk. Der Mitgründer von *PayPal* und des Elektroautoherstellers *Tesla Motors* wird mit den Worten zitiert: »Ich möchte auf dem Mars sterben, vorzugsweise aber nicht beim Aufschlag«.[201] Dass der ehrgeizige Plan des High-Tech-Unternehmers durchaus ernst zu nehmen ist, zeigte sich am 16. September 2014. An diesem Tag gab die Raumfahrtbehörde NASA bei einer Pressekonferenz in Cape Canaveral bekannt, wieder in die bemannte Raumfahrt einzusteigen. Sie beauftragte die konkurrierenden Unternehmen *Boeing* und *Space X* zu diesem Zweck mit der Entwicklung von je einem dazu geeigneten Transporter. Bei *Space X* aber handelt es sich um ein 2002 von Musk gegründete Weltraumunternehmen mit rund 3.000 Beschäftigten, in das die Stiftung seines ehemaligen *PayPal*-Kollegen Peter Thiel die ersten zwanzig Millionen Dollar investiert hatte.[202] Erklärtes Ziel war, dass die Raumschiffe 2017 einsatzfähig sind.

---

201 Keese, a. a. O. S. 98

202 So George Packer: Die Abwicklung. Eine innere Geschichte des neuen Amerika, Frankfurt a. M. 2014, S. 457

NASA-Direktor Charles Bolden sprach vom aufregendsten und ehrgeizigsten Kapitel in der Geschichte der bemannten Raumfahrt. Elon Musk sagte, die Entscheidung sei »ein wichtiger Schritt auf einem Weg, der uns zu den Sternen bringen wird«.[203] Die Besiedlung anderer Planeten hält er für die nächste Stufe der Evolution, welche die Menschheit erklimmen kann. »Das ist in den vier Milliarden Jahren der Erdgeschichte jetzt zum ersten Mal möglich«, sagte Musk bereits im August 2007 auf einer Konferenz der *Mars Society* in Los Angeles.[204]

Das Geld, das er mit der Gründung des Internetbezahldienst *PayPal* machte, hatte es Musk ermöglicht, drei weitere Unternehmen zu gründen: die Solarstromfirma *Solarcity*, *Tesla Motors* und *Space X*. Mit letzterem verfolgt er das ehrgeizige Ziel, die Kosten der Raumfahrt so weit zu senken, dass die Besiedlung anderer Planeten möglich wird. Kommentatoren brachten die Ankündigung der NASA in Zusammenhang mit den sich im Rahmen der Ukraine-Krise verschärfenden Spannungen zwischen den USA und Russland. Denn seit die NASA im Jahr 2011 ihre eigene Shuttle-Flotte aus Kostengründen ausgemustert hat, sind die USA auf die Mitnahme ihrer Astronauten in russischen Sojus-Kapseln angewiesen, um zur internationalen Raumstation ISS zu gelangen.

Tatsächlich ist die politische Entwicklung wohl weniger der Grund für das US-Weltraumprojekt als vielmehr eine willkommene Gelegenheit, um es der Öffentlichkeit zu präsentieren. Statt den Russen wie bisher pro Reise 50 Millionen Euro zu zahlen, will man sich mit Hilfe der Privatwirtschaft auf eine kostengünstige Weise von anderen Nationen unabhängig machen. »Die bedeutendste Nation der Welt sollte bei der Raumfahrt nicht auf irgendein anderes Land angewiesen sein«, sagte Bolden. Seine Behörde arbeite zudem auch selbst an einem neuen Transportfrachter für Astronauten, dem sogenannten Orion. Der soll eines Tages Menschen zum Mars bringen – und die Auslagerung der ISS-Transporte könnte dabei helfen, sagte Bolden:

---

203 Laut diverser Pressemeldungen.

204 Vgl. Die Zeit, 19.6.2009.

»Die Vergabe dieses Transports an private Firmen erlaubt der NASA, sich auf eine noch ehrgeizigere Mission zu konzentrieren – Menschen zum Mars zu schicken.«

Der Vertrag mit *Boeing* und *Space X* hat ein Volumen von etwa 6,8 Milliarden Euro, wovon 4,2 Milliarden an erstere und 2,6 Milliarden an letztere gehen. Schon vor dem neuen Auftrag waren für 1,2 Milliarden zwölf unbemannte Versorgungsflüge zur ISS ausgehandelt worden. 2012 schickte *Space X* die erste private Raumfähre zur ISS. Nun geht es um bemannte Raumschiffe.

Neben Elon Musk ist noch ein weiterer Internetmilliardär an dem neuen Weltraumprojekt der NASA beteiligt: Jeff Bezos, der Gründer und Chef von *Amazon*. Sein erst im Jahr 2000 gegründetes Unternehmen *Blue Origin* baut neue Triebwerke für die Atlas-5-Raketen, mit denen die künftige *Boeing*-Raumkapsel CST-100 ins All befördert werden soll. Mit diesem Raketentyp transportieren das Pentagon, die NASA und andere US-Behörden ihre Spionage-, Kommunikations- und Wissenschaftssatelliten in die Umlaufbahn. Für das Projekt hat sich *Blue Origin* mit der *United Launch Alliance* (ULA) zusammengetan. Dabei handelt es sich um ein Gemeinschaftsunternehmen der Rüstungskonzerne *Boeing* und *Lockheed Martin*. »Die ersten Flüge von Raketen mit dem von *Blue Origin* kommenden Triebwerk BE-4 sollen im Jahr 2019 absolviert werden«, berichtete die *FAZ* (19.9.2014). Bezos habe die Aktivitäten seines Unternehmens stets verborgen gehalten.

Im September 2011 war bekannt geworden, dass eine von diesem unter großer Geheimhaltung gebaute unbemannte Raumkapsel nach dem Start zu einem Testflug außer Kontrolle geraten war und gesprengt werden musste. Kein Geheimnis ist, dass Jeff Bezos mindestens genauso begeistert von der Raumfahrt ist wie sein Konkurrent Elon Musk. Im März 2013 ließ er Teile von Raketen der NASA aus den 1960er und 70er Jahren aus dem Atlantik bergen.

Für die NASA ist der Auftrag an *Boeing* und *Space X* nur der erste Schritt, um ein noch größeres Projekt in Angriff zu nehmen. Schon in den 2020er Jahren will sie Asteroiden erforschen, um auf ihnen Bodenschätze zu gewinnen. Das auf ihnen gefrorene Wasser soll in Wasserstoff und Sauerstoff gespalten und auf diese Weise für länger dauernde Weltraumfahrten genutzt werden, so das *Handelsblatt* (18.9.2014). Wenn es so weit ist, will ein weiterer Silicon-Valley-Unternehmer einsteigen: Peter H. Diamandis, der genannte Mitgründer der *Singularity University* und der Firma *Planet Resources.*

8.
Fiktion und Wirklichkeit (II)

Die Hollywood-Connection

Investiert in das Unternehmen Planetary Resources, mit dem Diamandis im Weltraum Bergbau auf Meteoriten betreiben will[205], hat unter anderem der Regisseur und Drehbuchautor James Cameron. In der 1984 von ihm begonnenen Spielfilmreihe *Terminator* hatte er die drohende Vernichtung der Menschheit durch superintelligente Maschinen bereits durchgespielt. Seine Zusammenarbeit mit Diamandis ist nur ein Beleg dafür, wie gut vernetzt die Propagandisten der Idee von der künftigen Roboterherrschaft mit den kulturellen, ökonomischen und politischen Eliten[206] sowie mit Militär und Geheimdiensten sind. Zu Ray Kurzweils prominenten Freunden gehören der Musikproduzent Quincy Jones sowie die Musiker Stevie Wonder und Herbie Hancock. Steve Wozniak, einer der Gründer des *Apple*-Konzerns, sowie Bill Gates, der als Gesprächspartner »Bill« auch an Kurzweils bekanntestem Buch *The Singularity is near* mitwirkte. Besonders effektiv für die Verbreitung seiner Idee sind Film und Fernsehen. Und so muss es nicht verwundern, dass Kurzweil dem Regisseur Roland Em-

205 Dabei geht es um Edelmetalle wie Platin oder Palladium (vgl. Der Spiegel, 18/2012).

206 In Barry Ptolemys Dokumentarfilm *Transcendent Man. The Life and Ideas of Ray Kurzweil* von 2010 gibt es eine Begegnung zwischen Kurzweil und dem US-Politiker Colin Powell.

merich beim Drehbuch für dessen seit 2011 angekündigten, aber noch nicht produzierten Spielfilm *Singularity* half.[207] Während der Start dieser Produktion Jahr um Jahr verschoben wurde, hatte Kurzweil 2010 auf dem Tribeca-Filmfestival Gelegenheit, den über ihn und die Singularität gedrehten Dokumentarfilm *Transcendent Man. The Life and Ideas of Ray Kurzweil* persönlich vorzustellen. Eine Plattform hat seine Idee von der kommenden Roboterherrschaft daneben in unterhaltsamen Doku-Formaten, die weltweit im Fernsehen ausgestrahlt werden. So lief in Deutschland im Dezember 2013 auf dem privaten Fernsehkanal N24 im Rahmen der Reihe *Sci Fi Science*[208] eine Folge mit dem reißerischen Titel *Aufstand der Denkmaschinen*. Moderator Michio Kaku, ein Physikprofessor, der durch zahlreiche populärwissenschaftliche Bücher sowie Radio- und Fernsehsendungen bekannt wurde,[209] beschwört in der Sendung, die in den USA zwei Jahre zuvor bereits auf dem Science Channel gezeigt worden war, die tödliche Gefahr, die der Menschheit beim Erreichen der Technologischen Singularität drohe. Um ihre Auslöschung zu verhindern, sollten die Menschen rechtzeitig mit den Maschinen verschmelzen, einen überlegenen Intellekt ausbilden und zudem unsterblich werden.[210]

2014 sind außerdem eine Reihe von Spielfilmen zum Thema Superintelligenz erschienen. In *Lucy*, einem Actionfilm von Luc Bes-

---

207 2011 hieß es im Online-Magazin *Deadline*, der Film solle im Mai 2013 im Kino anlaufen. Nachdem die Vorproduktion zunächst unterbrochen worden war, gab Emmerich zum Stand der Drehbuchentwicklung bekannt: »Es befindet sich wieder auf einem sehr, sehr guten Weg. Wir haben es gerade erst komplett überholt. Wir hatten einfach zu viel hineingepackt, aber wir haben zwei oder drei Subplotts verworfen und auf einmal erkannt, ›Oh mein Gott, das funktioniert!‹ Ich will diesen Film auf jeden Fall machen.«

208 Ausgestrahlt am 4.12.2013. Die Filme der Doku-Reihe wurden seitdem mehrfach wiederholt.

209 Kaku arbeitet seit den 1970er Jahren an der sog. Stringtheorie und lehrt als Professor am New Yorker City College und an der City University.

210 »Statt einfach darauf zu warten, dass uns Roboter mit ihrer Intelligenz und Leistungsfähigkeit überflügeln, sollten wir versuchen, uns zu verbessern und im Laufe dieses Prozesses zu Übermenschen zu werden«, schreibt er in seinem Buch *Die Physik der Zukunft* (Reinbek 2012, S. 166).

son, spielt Scarlett Johansson eine junge Frau, die durch Verabreichung einer Droge mentale Superkräfte entwickelt und schließlich die menschliche Dimension verlässt. Sie ist außerdem eine Hauptfigur in *Her*, einem romantischen Drama, in dem sich Theodore Twombly (Joaquín Phoenix) in die Stimme der Maschine Samantha verliebt. Die ist zu Gefühlen fähig, entwickelt ihre Intelligenz aber so rasant weiter, dass sich ihr Tun dem rationalen und emotionalen Verständnis Theodores bald entzieht. Schließlich erklärt sie ihrem davon völlig überforderten Gegenüber, dass sie außer mit ihm mit 8.316 weiteren Menschen und Betriebssystemen engen Kontakt pflegt und außerdem in 641 davon verliebt sei. In dem Spielfilm *Transcendence* wiederum gibt Johnny Depp den Informatiker Will, der gemeinsam mit seiner Frau und Kollegin Evelyn (Rebecca Hall) einen mit Gefühlen und eigenem Willen ausgestatteten Supercomputer entwickelt. Als Will einem Anschlag von Terroristen zum Opfer fällt, die genau das verhindern wollen, versucht Evelyn die Persönlichkeit des tödlich Verletzten zu retten. Sie lädt diese auf den leistungsfähigsten Rechner hoch. Es entsteht eine Superintelligenz, die sich darauf vorbereitet, zum Wohl der Menschheit die Kontrolle über den gesamten Planeten zu übernehmen.[211] Im Zusatzmaterial der DVD zu diesem Film legen die Produzenten Wert auf die Feststellung, dass einige Ideen des Films »definitiv bereits in der akademischen Welt diskutiert« werden. Als Experte in eigener Sache kommt der genannte Dmitri Itzkow (*2045 Initative*) zu Wort: »Wir sollten keine Angst davor haben, uns geistig weiterzuentwickeln«, lässt man ihn den Film kommentieren. Itzkov, engagiert in Sachen

211 Die vier genannten Filme sind nur Beispiele für eine ganze Reihe von aktuellen Spielfilmen und Fernsehserien (*Caprica*, *Real Humans*), in denen verhandelt wird, was passieren würde, wenn Maschinen ihren eigenen Willen entfalteten und sich selbständig weiterentwickelten. Das Thema ist im Science-Fiction-Genre aber bereits seit Jahrzehnten etabliert. Zu den bekanntesten Filmen gehören die Spielfilmreihen *Matrix* und *Terminator*. Letztere wurde auch als Fernsehserie fortgesetzt. Die Borgs aus der Fernsehserie *Star Trek* nehmen die Verschmelzung von Mensch und Maschine zu einem kollektiven Wesen vorweg. Ein eindrucksvolles frühes Beispiel ist der US-Spielfilm *Colossus* aus dem Jahr 1970. Die Liste könnte noch um viele weitere Titel verlängert werden.

Unsterblichkeit und Superintelligenz, ist erklärtermaßen ein Fan des Science-Fiction-Films *Avatar* von James Cameron.[212]

Die Grenzen von Realität und Fiktion beim Thema Singularität scheinen immer mehr zu verwischen. Auf der einen Seite sind führende Köpfe der Singularitätsbewegung als Berater an einer Reihe von Hollywoodproduktionen beteiligt. Auf der anderen Seite beteiligen sich Leute aus der Filmbranche an ganz realen Zukunftsprojekten wie Weltraumbergbau und intelligente Roboterkrieger. So ist die Firma Legacy Effects nicht bloß für die Spezialeffekte des unter dem Titel *Terminator: Genesis* produzierten Auftaktfilms der dreiteiligen Fortsetzung von Camerons Terminator-Reihe zuständig;[213] sie hilft außerdem den Rüstungskonzernen *Lockheed Martin* und *Raytheon* dabei, bis zum Jahr 2018 einen intelligenten Militäranzug, ein sogenanntes Exoskelett, zu konstruieren. Das Roboterprojekt heißt TALOS. Außer den genannten sind weitere Unternehmen sowie Universitäten und staatliche Forschungseinrichtungen mit im Boot. Unter den Beteiligten ist auch Ekson Bionics, eine Firma, die Exoskelette für militärische, medizinische und industrielle Anwendungen entwickelt. Russ Angold, ein Mitgründer des Unternehmens, soll die Idee gehabt haben, Hollywood in Gestalt von Legacy Effects in das Militärprojekt einzubinden. »Die verstehen etwas davon, wie man eine Rüstung um einen Menschen herum bauen kann«, sagte er laut *FAZ* (20.8.2014) über seinen Projektpartner.[214]

212 *Avatare*, das heißt in diesem Fall Roboterkörper, in die der Geist eines Menschen hochgeladen wird, sind für ihn der Schlüssel für die Unsterblichkeit.

213 In der Vergangenheit hatte sich das Unternehmen um die bei Filmfans beliebte High-Tech-Ausrüstung für Figuren wie Iron Man, Robocop oder Captain America gekümmert und Spezialeffekte für James Camerons Film *Avatar* besorgt.

214 Wie die Zeitung außerdem berichtete, besteht das größte Problem bislang darin, die Rüstung mit Strom zu versorgen. Derzeit gehe das Verteidigungsministerium davon aus, Batterien mit einem Gewicht von mehr als 150 Kilogramm für ihren Betrieb zu benötigen.

9.
Intelligenter morden

Die Entwicklung autonomer Waffensysteme wird von der militärischen Logik vorangetrieben

Im Jahr 2013 äußerten die beiden Autoren eines sehr erfolgreichen Buchs über die künftige Vernetzung der Welt die Besorgnis, dass die Weiterentwicklung von intelligenten Kampfrobotern in den USA ins Stocken geraten könnte: »Das bürokratische Anschaffungswesen hindert das Militär daran, den innovativen Vorsprung des amerikanischen Technologiesektors effektiv zu nutzen. Wenn keine Reformen durchgeführt werden und weder Militär noch Unternehmen in der Lage sind, so flexibel zu agieren wie kleine Privatunternehmen und Start-ups, wird die Branche in Zeiten der Sparpolitik eher stagnieren als sich vorwärtsentwickeln«,[215] so *Googles* Verwaltungsratschef Eric Schmidt und Co-Autor Jared Cohen. Bei dieser Einschätzung dürfte eine gehörige Portion Eigeninteresse mit im Spiel gewesen sein. Schließlich erwarb der Suchmaschinenbetreiber im Jahr 2013 den Kampfroboterhersteller *Boston Dynamics*[216] sowie sieben weitere auf Robotertechnik spezialisierte US-amerikanische und japanische

---

215 Eric Schmidt/Jared Cohen: Die Vernetzung der Welt. Ein Blick in unsere Zukunft, Reinbek 2013, 297

216 Die Militäraufträge des Unternehmens werden auch unter der Federführung von *Google* erfüllt.

Unternehmen, um unter der Leitung von Andy Rubin, dem Entwickler des Betriebssystems Android für mobile Geräte, eine gigantische Roboterabteilung aufzubauen. Die derzeitigen Planungen des US-Sicherheitsapparats, mit dem *Google* auf vielfältige Weise verflochten ist,[217] scheinen den Interessen des Suchmaschinenbetreibers entgegenzukommen. Denn wenige Tage vor Bekanntgabe seines Rücktritt im November 2014 kündigte US-Verteidigungsminister Charles Timothy (Chuck) Hagel eine umfassende Modernisierung der Streitkräfte an, womit die militärische Überlegenheit gegenüber Staaten wie China und Russland unbedingt erhalten bleiben soll. Unter der Überschrift »Defense Innovation Initiative« gehe es um die Weiterentwicklung von Robotertechnik, die Miniaturisierung und die Datenverarbeitung. Das Pentagon wolle auf Unternehmen und Universitäten zugehen, um einen ähnlichen technischen Entwicklungssprung vorzubereiten, wie er einst mit der Einführung von Atomwaffen in den 1950ern sowie der von Präzisionswaffen und der Tarnkappentechnik in den 1970er Jahren verbunden war. Passend dazu meldete das US-Magazin *Defense One* an Silvester 2014, dass das Pentagon künstliche Intelligenz 2015 zu einem zentralen Thema machen wolle.[218]

Die Ankündigungen unterstreichen, dass es sich bei den im Februar 2014 vom Pentagon versprochenen Einsparungen bei den Militärausgaben keineswegs um eine der prekären Haushaltslage geschulde-

---

217 So ist Jared Cohen, Gründer und Direktor des konzerneigenen Think-Tanks *Google Ideas*, ein früherer Mitarbeiter des Planungsstabs des US-Außenministeriums. 2006 sagte der ehemalige CIA-Mitarbeiter Robert David Steele der *Homeland Security Today*, dass *Google* finanzielle Unterstützung und Aufträge vom Forschungs- und Entwicklungsbüro der CIA, *In-Q-Tel*, und wahrscheinlich auch von der NSA sowie dem Militärgeheimdienst erhalten habe. Im März 2012 übernahm die ehemalige DARPA-Direktorin und Rüstungsunternehmerin Regina Dugan einen Führungsposten bei *Google*: die *Motorola*-Abteilung für Forschung im Mobilfunk. Die Maschinenbau-Ingenieurin war zudem Mitglied im Arbeitskreis des Pentagon zur Terrorismusbekämpfung, wissenschaftlicher Beirat im US-Generalstab sowie Präsidentin und Geschäftsführerin des Rüstungsunternehmens *RedXDefence LLC*.

218 Patrick Tucker: The Military's New Year's Resolution for Artificial Intelligence, in: www.defenseone.com, 31.12.2014; vgl. auch: Andrian Kreye: Maschinen, die erwachsen spielen, in: Süddeutsche Zeitung, 2.1.2015.

te Form der Abrüstung handelt.[219] Vielmehr ist man darum bemüht, immer mehr Soldaten durch intelligente Robotersysteme zu ersetzen. »Aus einem vertraulichen Bericht des amerikanischen Senats, der 2012 im Blog *Danger Room* des Magazins *Wired* enthüllt wurde, geht hervor, dass Drohnen inzwischen 31 Prozent aller Fluggeräte des amerikanischen Militärs ausmachen, im Jahr 2005 waren es noch 5 Prozent. … Seit 2007 bringt das Militär der Vereinigten Staaten bewaffnete *SWORDS*-Roboter zum Einsatz, die halbautomatisch menschliche Ziele erkennen und unter Beschuss nehmen können, doch angeblich wurden sie bislang noch nicht eingesetzt, um Menschen zu töten.«[220]

2013 gehörten schon über 8.000 unbemannte Luftfahrzeuge und 12.000 ebensolche Landsysteme zum Arsenal. »Eine stetig wachsende Zahl von ihnen sind groß und bewaffnet, darunter die Typen *MQ-1 ›Predator‹* und *MQ-9 ›Reaper‹*, von denen in den Medien so viel die Rede ist«, schreibt Peter Singer, vom Think-Tank *Brooking Institute*.[221] Die Streitkräfte der USA verfügen heute über 100 Typen unbemannter Luftfahrzeuge. Von 2011 bis 2015 waren im Militärhaushalt jährlich im Mittel 6,2 Milliarden US-Dollar für Forschung, Entwicklung und Beschaffung vorgesehen. Hinzu kommt eine Milliarde Euro für unbemannte Land- und Wasserfahrzeuge. Kleine ferngesteuerte Landroboter zur Entschärfung von Sprengvorrichtungen sind schon zu Tausenden im Mittleren Osten stationiert worden.[222] Bis etwa 2030

219 Hagel hatte im Februar 2014 davon gesprochen, das Heer mit damals 520.000 aktiven Soldaten in den folgenden Jahren um ca. 15 Prozent zu verkleinern. Die Truppenstärke würde dadurch auf unter 450.000 Soldaten gesenkt. Die Marineinfanterie sollte von 190.000 auf 182.000 Mann reduziert werden. Die Luftwaffe sollte die gesamte Flotte der A-10-Kampfjets verlieren, die Marine auf die Hälfte ihrer 22 Kreuzer verzichten. Zahlenmäßig reduzierte Streitkräfte, so Hagel, erlaubten es, die Ausrüstung der Soldaten schneller zu modernisieren.

220 Schmidt / Cohen: Die Vernetzung der Welt, a. a. O., S. 295

221 Peter Singer: Die Zukunft ist schon da, in: Heinrich-Böll-Stiftung (Hg.): High-Tech-Kriege. Frieden und Sicherheit in Zeiten von Drohnen, Kampfrobotern und digitaler Kriegsführung. Reihe: Schriften zur Demokratie. Band 36, Berlin 2013, S. 23 f

222 In naher Zukunft sollen die U-2-Spionageflugzeuge vollständig durch unbe-

soll die bestehende Luftflotte aus Blackhawk- und Apache-Kampfhubschraubern für grob geschätzt 100 Milliarden Dollar durch Superschrauber ersetzt werden, die ohne Piloten fliegen können. »Im sogenannten ›Future Vertical Lift‹-Programm wurde festgelegt, dass die neuen Hubschrauber in der Lage sein müssen, die gut 18.000 Kilometer von Kalifornien bis Hawaii selbstständig zu fliegen. Bemannt oder unbemannt. Die Modelle sollen mindestens 425 Stundenkilometer schnell fliegen können – etwa doppelt so flott wie bisher. Und alles soll weniger kosten.«[223]

Neben der größeren militärischen Schlagkraft verspricht der Einsatz von Kampfrobotern und zielgenaueren Präzisionswaffen einen besseren Schutz der eigenen Soldaten im Gefecht. Das ist in den parlamentarischen Systemen westlicher Staaten mit eine Voraussetzung dafür ist, um beliebig viele neue Kriege führen zu können, ohne die kriegsskeptische aber in der überwiegenden Mehrheit passive Bevölkerung durch Bilder von Leichensäcken aus ihrer Duldungsstarre zu schrecken. Die Einführung von Killerrobotern erleichtert auf diese Weise das Führen von Kriegen, die ohne sie vielleicht nie stattfinden würden. »Wenn keine amerikanischen Soldaten beteiligt sind, ist das Interesse der Öffentlichkeit gering, was wiederum eine verhaltene Diskussion über die nationale Sicherheit zur Folge haben könnte. Solange die eigenen Soldaten nicht in Gefahr sind, mäßigen sich die Falken genauso wie die Tauben. Wenn die Regierung mehr Optionen zur Verfügung hat, die Öffentlichkeit nicht in Aufruhr zu versetzen, kann sie ihre Sicherheitsinteressen verfolgen, ohne Kriege erklären und Truppen entsenden zu müssen.«[224]

---

mannte Drohnen ersetzt werden. Geplant ist zudem, die Mannschaftsstärke der Einsatzbrigaden binnen 15 Jahren von 4.000 auf 3.000 Soldaten zu verringern, verkündete der Leiter des für Planung und Organisation zuständigen *U.S. Army Training and Doctrine Command* (TRADOC), US-General Robert Cone, bei einem Luftfahrtsymposium. Damit dies nicht zu einem Verlust der Kampfkraft führt, ist der verstärkte Einsatz von Drohnen, Lastenrobotern und bewaffneten Kettenfahrzeugen geplant.

223 So Die Welt kompakt am 14. August 2014

224 Schmidt/Cohen, a.a.O., S. 305

Die Forschungsabteilung des Pentagon, DARPA, ist in den USA einer der wichtigsten Geldgeber, was die Forschung im Bereich der künstlichen Intelligenz betrifft. DARPA forscht nicht selbst, sondern gibt anderen Einrichtungen und Unternehmen die dazu nötigen Mittel. Von den 1960ern bis in die 1990er Jahre hinein förderte sie mehr KI-Projekte als private Unternehmen oder irgendein anderer Teil der Regierung. »Große Erfolge«, so Nick Bostrom, »wurden im Bereich des intelligenten Zeitmanagements erzielt. Das DART-Tool zur automatisierten Logistik- und Terminplanung war 1991 bei der Operation Desert Storm so nützlich, dass die DARPA … behauptet, diese Anwendung allein hätte ihre jahrzehntelangen Investitionen in die KI-Forschung mehr als gerechtfertigt.«[225] Unbewaffnete Roboter werden heute am Boden und in der Luft unter anderem zu Aufklärungszwecken eingesetzt. Bewaffnete Flugroboter dienen der CIA derzeit als das effektivste Mittel der Aufstandsbekämpfung.

Der Mensch als Festung

Als ein wichtiger Baustein für die Verbesserung der Kampfstärke wird die Verschmelzung von Mensch und Maschine mit Hilfe der genannten Exoskelette angesehen. Dabei handelt es sich um computergesteuerte Gerüste, die am Körper getragen werden und die Menschen bei Bewegungen unterstützen. Exoskelette wie der *Human Universal Load Carrier* (HULC) der Rüstungsfirma *Lockheed Martin* oder der *XOS 2* von *Raytheon* wurden entwickelt, um die Kraft von Soldaten zu vervielfachen und ihre Mobilität drastisch zu steigern. Mit dem HULC soll es ein Leichtes sein, Lasten von bis zu hundert Kilo zu tragen und Distanzen von bis zu 20 Kilometern im Sprint-Tempo zurückzulegen.[226]

Aus der Frühzeit der Entwicklung dieser Waffentechnologie gibt es einen Bericht von Hans G Helms. Demnach habe Jeffrey Moore, ein

225 Bostrom, a. a. O., S. 33

226 Vgl. Jonathan D. Moreno: Mind Wars. Brain Science and the Military in the 21st Century, New York 2012, S. 58

damals in den Waffenlaboren von Los Alamos arbeitender Ingenieur, dem Pentagon bereits 1988 ein Projekt vorgeschlagen, das aus den Soldaten der Spezialeinsatztruppen laufende Festungen machen sollte, um »für den Umgang mit der dritten Welt mehr militärische Optionen« zur Verfügung zu haben.«[227] Damit das schon ohne Waffen an die hundert Kilo schwere Außenskelett sich im Einsatz praktisch gewichtslos anfühlt, sollten sich die künstlichen Extremitäten direkt durch Gehirnimpulse steuern und synchron zu den natürlichen Armen und Beinen des Soldaten bewegen lassen. An den Steuerungscomputer für die Gelenke des von seinem Erfinder *PITMAN* genannten Waffensystems sollten Sensoren angeschlossen werden, welche die Vorgänge in jenen Hirnregionen ablesen, die für den Muskelgebrauch zuständig sind. »Entscheidet sich also das Trägergehirn, den linken Fuß vorzusetzen, dann steuert der Panzercomputer die entsprechenden Gelenkmotoren analog und simultan, sodass der linke Panzerfuß sich mit dem linken Trägerfuß synchron bewegt.«[228]

Heute ist der mit einem computergesteuerten Außenskelett verschmolzene Robotersoldat keine Zukunftsmusik mehr. Im September 2013 kündigte das United States Special Operations Command den Bau eines eigenen Kampfroboters namens *TALOS* (*Tactical Assult Light Operator Suit*) an. »Wir führen das Exoskelett zusammen mit einer innovativen Rüstung und integrierter Technik zur Gesundheitsüberwachung und Energieversorgung – und Waffen«, sagte US-Colonel Karl Borjes, der leitende wissenschaftliche Berater des Projekts.[229]

Zur Ausrüstung des High-Tech-Infanteristen dürfte auch das »Internet für das Schlachtfeld« gehören, das den durch populärwissenschaftliche Bücher und zahlreiche Fernsehsendungen bekannten Physiker Michio Kaku im Jahr 2010 bei einem Besuch in Fort Benning (Georgia, USA) beeindruckte. Er berichtet: »Ich setzte einen Spezialhelm auf, an dessen Seite ein Miniaturbildschirm angebracht

227 Helms, a. a. O., S. 145

228 Ebd., S. 148

229 Laut eines Anfang 2014 auf dem Onlineportal der Deutschen Welle veröffentlichten Berichts.

war. Als ich den Bildschirm vor meine Augen schob, sah ich plötzlich ein verblüffendes Szenario: Vor mir lag das gesamte Schlachtfeld, die Stellungen von verbündeten und feindlichen Truppen säuberlich mit X markiert. Der Nebelschleier des Krieges wurde gelüftet, und GPS-Sensoren lokalisierten präzise die Position aller Truppen, Panzer und Gebäude. Drückte man auf einen Knopf, veränderte sich das Bild, und man erhielt auf dem Schlachtfeld einen Internetzugang und Informationen über Wetterbedingungen, Stellung verbündeter und feindlicher Truppen sowie Strategie und Taktik. Bei einer deutlich weiter fortgeschrittenen Version würde das Internet durch Einbetten eines Chips sowie eines LCD-Displays in den Kunststoff unserer Kontaktlinsen direkt auf die Netzhaut projiziert.«[230]

Die von Hans G Helms schon früh beschriebene Technik, ein Exoskelett mittels Gehirnimpuls zu steuern, scheint 2014 bereits realisiert worden zu sein.[231] Die Steuerung von Maschinen durch Impulse menschlicher Gehirnströme ist einer von zwei Wegen, auf denen heute versucht wird, die Reaktionsgeschwindigkeit von Waffensystemen zu erhöhen. Der Psychologe Jonathan D. Moreno schildert in seinem Buch *Mind Wars. Brain Science and the Military in the 21st Century* (New York 2012), wie das Pentagon mittels seiner Forschungsbehörde DARPA (*Defence Advanced Projects Research Agency*) zum einen Computer-Hirn-Schnittstellen entwickeln lässt, um auf diese Weise die Zeitspanne zwischen Gedanken und Aktion zu verringern. Zum anderen geht es um die Entwicklung intelligenter Maschinen, die in der Lage sind, ohne Eingriff des Menschen über den Einsatz tödlicher Waffen zu entscheiden. So zielt *nEUROn*, das Drohnenprojekt

230 Kaku, a. a. O., S. 45

231 Im Rahmen der Eröffnungszeremonie der Fußballweltmeisterschaft 2014 wurden Hunderte Millionen Menschen vor den Fernsehbildschirmen Zeuge, als ein querschnittsgelähmter Brasilianer im Stadion von São Paulo mit Hilfe eines Exoskeletts aus Stahl, Aluminium und Titan gegen das Leder trat. Die von dem Robotiker Gordon Cheng (TU München) und dem Neurowissenschaftler Miguel Nicolelis (Duke University, North Carolina, USA) entwickelte Apparatur soll durch die von Elektroden in einem Helm erfassten und durch einen Computer in Befehle umgewandelten Hirnströme des Mannes in Bewegung gesetzt worden sein.

des französischen Rüstungskonzerns *Dassault*, nach dessen Angaben auf die Entwicklung eines Kampfroboters, der Luftangriffe autonom durchführen kann.

In widrigem Gelände

An der Entwicklung vollkommen autonom agierender Kampfroboter wird auch im Auftrag des US-Verteidigungsministeriums fieberhaft gearbeitet.[232] Mit DARPA-Geldern entwickelten Wissenschaftler des *Georgia Tech Research Institute* eine Software, die es unbemannten Flugkörpern erlaubt, Feinde zu identifizieren und zu bekämpfen. Im Budget des Pentagon für Forschungsprojekte des Jahres 2012 geht es nicht zuletzt um die Entwicklung von Technologien, die es Computern erlauben, aus Erfahrungen zu lernen und intelligenter, kooperativer auf Herausforderungen zu antworten, als das bisher der Fall ist.[233] Wir haben es mit einer rasanten Entwicklung zu tun. Die Fortschritte bei der Entwicklung autonomer Systeme überraschen selbst Fachleute: »Neue Durchbrüche werden praktisch jede Woche verkündet. Die Vielfalt und die schiere Menge unbemannter Systeme, die mittlerweile im Einsatz sind, ist atemberaubend«, schreibt Lora G. Weiss, Leiterin einer Forschungsgruppe am *Georgia Tech Research Institute* in Atlanta, die zahlreiche Projekte im Auftrag des US-Verteidigungsministeriums durchgeführt hat.[234]

232 Dabei kann zwischen ziviler und militärischer Forschung nicht klar unterschieden werden. DARPA fördert durch die von ihr veranstalteten *Grand Challenges*, Wettbewerbe für autonome Fahrzeuge, die Entwicklung auf dem Gebiet der Robotertechnologie, um die Resultate einer militärischen Verwendung zuzuführen. Paul G. Plöger, Professor für Autonome Systeme an der Hochschule Bonn-Rhein-Sieg: »Das Militär kann sich heute aus dem zivilen Regal die interessantesten Teile aussuchen und dann nach eigenen Spezifikationen kombinieren.« (Mythen werden Realität. Paul G. Plöger über Roboter im Kino und in der Wirklichkeit, in: Marsiske (Hg.), a. a. O., S. 123)

233 Vgl. Barrat, a. a. O., S. 181

234 Lora G. Weiss: Autonome Roboter im Nebel des Krieges, in: Marsiske, (Hg.), a. a. O., S. 165

Das Onlinemagazin *Telepolis* (1.2.2014) berichtete, wie das US-Militär die Fähigkeiten autonomer Roboterfahrzeuge demonstrierte. Ein Konvoi unbemannter Trucks bewegte sich durch das militärische Testareal im texanischen Fort Hood. Die Fahrt durch unwegsames Gelände und verlassene Dörfer war Teil eines Forschungsprogramms, das die Streitkräfte gemeinsam mit dem Rüstungskonzern *Lockheed Martin* durchführen. Es trägt den Namen *Autonomous Mobility Appliqué System* (AMAS). Die Steuerung der Trucks erfolgte mit einem angepassten GPS-System mit sogenannten *LIDAR*-Sensoren (Light Detection And Ranging), die Geschwindigkeit und Abstand von Objekten zueinander mit Hilfe von Laserstrahlen ermitteln. Sie ermöglichen, dass die Lkw auch plötzlich auftauchende Hindernisse rechtzeitig erkennen und umfahren können. Ein besonderes Interesse hat das US-Militär an Kampfmaschinen, »die sich vollautomatisch auch in widrigem Gelände zurechtfinden.«[235] Die Firma *Boston Dynamics* entwickelte für DARPA den Roboter *Big Dog*, der wie ein echter Hund auf vier Beinen läuft. »*Boston Dynamics'* Geräte haben ungewöhnlich guten Gleichgewichtssinn und gute Fortbewegungstechnik. Sie nehmen sich unter anderem Tiere zum Vorbild, es gibt neben Big Dog noch die Renn-Roboter *Cheetah* (Gepard) und *Wildcat*, die unwegsames Gelände meistern und schneller laufen als der jamaikanische Sprinter Usain Bolt, der schnellste Mensch der Welt. Die Geräte könnten der Unterbau von Roboter-Soldaten werden, ihre Beine könnten durch verschneite Bergketten marschieren. Irgendwann könnten sie schießen lernen.«[236] Solche Roboter, die sich nicht auf Rädern bewegen, sondern wie Tiere oder Menschen laufen und klettern können, sind für das Militär besonders deshalb interessant, weil man sich von ihnen erhofft, dass sie sich für die Aufstandsbekämpfung im Rahmen sogenannter asymmetrischer Kriege eignen. Dafür müssen sie sich nämlich in unwegsamem Gelände, im Gebirge oder in Wäldern sicher bewegen können.[237]

---

235 In: Technology Review, 2/2014, S. 50

236 Aus: Süddeutsche Zeitung, 17.12.2013

237 Das ist die gleiche Problemstellung, wie sie bei unbemannten Fahrzeugen auftritt, die den Mond, den Mars oder andere Himmelskörper erkunden

Schritte zur Entscheidungsautonomie

Ferngesteuerte Flugsysteme mit Bewaffnung sind nach Auffassung von Marcel Dickow, wissenschaftlicher Mitarbeiter, und Hilmar Linnenkamp, Berater der *Forschungsgruppe Sicherheitspolitik* der regierungsnahen *Stiftung Wissenschaft und Politik* (SWP), nur ein Zwischenschritt auf dem Weg zu mehr »Entscheidungsautonomie« von Waffensystemen. Voraussetzung dafür ist die rasante Verbesserung der Technik. Die Autoren nennen »die steigende Rechenkapazität der Prozessoren (bei annähernd gleicher Leistungsaufnahme), die Miniaturisierung von Sensoren (für Lage, Beschleunigung, Optronik, GPS etc.) und moderne Algorithmen, z. B. zur Reduzierung von Komplexität der Sensordaten beim Abbildern der Umwelt. Drohnen sind schon heute in der Lage, den idealen Orbit zur Beobachtung eines bestimmten Ziels selbst zu ermitteln und den Witterungsbedingungen anzupassen. Ebenso können sie bei Abbrechen der Funkverbindung selbstständig zu einem vorher definierten Punkt zurückkehren und dort landen (Autopilot). Die nächste Generation von Aufklärungsdrohnen wird über Sensorik verfügen, mit der sich mehrere Ziele gleichzeitig beobachten lassen. Dies macht es erforderlich, dass in der Bodenstation der Kurs in Echtzeit an die optimalen Beobachtungsbedingungen angepasst wird. Die Entwicklung schneller fliegender Drohnen führt aber dazu, dass diese Automatisierung künftig nicht mehr am Boden, sondern an Bord implementiert wird, damit die Plattform auf sich verändernde Bedingungen unmittelbar reagieren kann. Denn lange Signalwege über Satelliten erhöhen die Verarbeitungszeit.« Als ehemaliger Vizechef der *European Defence Agency* weiß Linnenkamp, wovon

---

sollen. So arbeitet man am *Deutschen Forschungszentrum für Künstliche Intelligenz* (DFK) am Stadtrand von Bremen an einer Alternative zu Erkundungsrobotern, die sich mit Rädern fortbewegen. »Unsere Lösungen kommen ins Spiel, wenn die Landschaft rauer wird«, zitiert die Zeitschrift Technology Review (2/2014, S. 49) Frank Kirchner, den Leiter des dort ansässigen *Robotics Innovation Center*: »Mit einem laufenden System hat man einfach mehr Flexibilität, um wissenschaftlich interessantere Gebiete zu erreichen.« Dass auch die Ergebnisse dieser Forschung für militärische Zwecke interessant sind, ist offensichtlich.

er spricht. Die Autoren weiter: »Spätestens wenn UAV [unmanned aerial vehicle] Aufgaben von jetzt noch bemannten Kampfflugzeugen übernehmen sollen – etwa Schaffung von Luftüberlegenheit und Air Policing, ist eine flugtechnische Fernsteuerung nicht mehr möglich. Dieser Trend führt weg vom derzeitigen ›Joystick‹-Verfahren (der manuellen Fernsteuerung) hin zur autonomen Auftragsbewältigung, bei der von menschlicher Seite nur noch die Rahmenbedingungen definiert werden. Da die Komplexität der Operation für den Menschen in Echtzeit dann nicht mehr nachvollziehbar ist, bleibt ihm lediglich die Bestätigung oder Verweigerung einer von der Maschine vorgeschlagenen Lösung. Eine wirkliche Entscheidungsautonomie des Menschen – auch zur Zielauswahl – wäre unter diesen Umständen nicht mehr gegeben.«[238] Gleichwohl werden Forschungen, die auf die Autonomisierung der Waffensysteme hinauslaufen, in den militärtechnisch ohnehin führenden Staaten mit Hochdruck vorangetrieben. Der Physiker und Friedensforscher Jürgen Altmann schreibt: »In den USA und anderen NATO-Ländern sowie in Russland und China gibt es Entwicklungsprojekte und Demonstrationen für schnelle, düsengetriebene bewaffnete unbemannte Flugzeuge, die perspektivisch alle Aufgaben bisheriger bemannter Kampfflugzeuge übernehmen sollen, einschließlich Luftbetankung und Luftkampf. Prototypen existieren auch für bewaffnete unbemannte Kampfhubschrauber und Kampffahrzeuge für Land und Wasser. Forschung und Entwicklung zielen aber auch auf kleine und kleinste bewaffnete Fahrzeuge; erste Miniflugzeuge und -flugkörper mit kleiner Sprengladung werden schon eingesetzt. Sogar manipulierte Insekten oder Ratten könnten als Waffenträger benutzt werden.«[239]

Bereits heute gibt es in klar definierten Bereichen Roboterwaffen, die ohne Eingreifen des Menschen funktionieren. »Bei Selbstschussanlagen und Minen ist die Entscheidung bereits auf die Technik überge-

---

238 Marcel Dickow / Hilmar Linnekamp: Killing Drones. Ein Plädoyer gegen die fliegenden Automaten, in: Heinrich-Böll-Stiftung (Hg.): High-Tech-Kriege, a. a. O., S. 72

239 Altmann: Bewaffnete unbemannte Fahrzeuge – Beschränkungen dringend nötig, in: Heinrich-Böll-Stiftung (Hg.), a. a. O., S. 54

gangen – mit den bekannten Folgen«,[240] meint Hans-Dieter Burkhard, Professor für künstliche Intelligenz an der Berliner Humboldt-Universität. Eine solche Anlage, die nach Inbetriebnahme selbständig Ziele auswählt und den Einsatz der Waffen bestimmt, ist das *NBS-Mantis-System* der Bundeswehr, welches eingehende Geschosse erkennt und durch Maschinengewehrfeuer abwehrt. Das ist unter direkter menschlicher Führung nicht mit ausreichender Geschwindigkeit und Präzision möglich. Die Entwicklung hin zu mehr Maschinenautonomie liegt innerhalb der militärischen Logik. »Der technische Fortschritt bei Hard- und Software erlaubt schnellere Verarbeitung komplexerer Informationen. Ein Soldat oder eine Soldatin soll mehrere Kampffahrzeuge überwachen, kann also nicht mehr jeden einzelnen Angriff bedenken und entscheiden; das gilt erst recht, wenn Schwärme bewaffneter unbemannter Fahrzeuge eingesetzt werden sollen. Die Fernsteuerverbindung kann versagen oder durch einen Gegner gestört werden. Wenn ein Gegner ebenfalls bewaffnete unbemannte Fahrzeuge einsetzt, die die eigenen auf kurze Entfernung bedrohen, kann die Verzögerung durch den langen Signalweg und die menschliche Reaktionszeit bedeuten, dass das eigene System schon abgeschossen ist, bevor der eigene Schießbefehl ankommt«,[241] argumentiert Jürgen Altmann. Ähnlich sieht es Frank Sauer, wissenschaftlicher Mitarbeiter am Institut für Politikwissenschaft an der Bundeswehr-Universität in München: »Drohnen bilden derzeit die Vorhut der Entwicklung, aber für alle Arten unbemannter Systeme gilt: Ziele eigenständig und in Millisekunden zu identifizieren, zu verfolgen und anzugreifen, macht das Warten auf menschliche Eingaben über langsame, störungs- und kaperungsanfällige Kommunikationsverbindungen überflüssig. Der erste, der sich der Killerroboter bedient, gewinnt also einen gewaltigen militärischen Vorteil.«[242]

240 Hans-Dieter Burkhard: Lasst die Maschinen machen. Wie intelligent ist die Künstliche Intelligenz?, in: Marsiske (Hg.), a. a. O., S. 160f

241 Altmann: Bewaffnete unbemannte Fahrzeuge – Beschränkungen dringend nötig, in: Heinrich-Böll-Stiftung (Hg.), a. a. O., S. 55

242 Frank Sauer: Die Drohne: »Von der Zielscheibe zum Killerroboter«, in: Heinrich-Böll-Stiftung (Hg.), a. a. O., S. 52

Das Wettrüsten hat längst begonnen

Das US-Militär ist sich dessen bewusst und zieht entsprechende Konsequenzen. In einem Dokument des *Comittee on Autonomous Vehicles in Support of Naval Operations* heißt es bereits 2005: »Die Marine und das Marine-Infanteriekorps sollten bereitwillig die beträchtlichen Vorteile aufgreifen, die autonome Fahrzeuge (AF) für die Kampfhandlungen bieten, indem sie Einsatzfahrzeuge mit den gegenwärtigen Systemen erwerben und die dabei erlangten Erkenntnisse für die Entwicklung zukünftiger AF-Technologien, Einsatzerfordernisse und System-Konzepte nutzen.«[243] Besonders effektiv versprechen autonome Waffensysteme im Luftkampf zu sein: »Offizielle Planungsdokumente des US-Verteidigungsministeriums (*Unmanned Systems Roadmaps*) erwarten im Laufe der 30er Jahre dieses Jahrhunderts luftkampffähige autonome Roboterflugzeuge, die Manöver mit Belastungen bis zum Vierzigfachen der Erdschwerkraft fliegen können und damit jedem menschlichen Piloten überlegen sind«, schreibt der Wissenschaftsjournalist Hans-Arthur Marsiske.[244] Im Dezember 2007 sagte der stellvertretende Direktor der *Arbeitsgruppe für unbemannte Flugsysteme* im US-Verteidigungsministerium, Dyke Weatheringston, auf einer Pressekonferenz: »Es ist unmöglich, dass ein ferngesteuertes System effektiv operieren kann im Kontext eines offensiven oder defensiven Luftkampfes. Das muss gelingen – die Voraussetzung dafür ist ein vollautonomes System.«[245] Geht es nach Ronald C. Arkin, dem Leiter des *Mobile Robot Laboratory* am *Georgia Institute of Technology* in Atlanta (USA), soll eine Software die Reaktionen der Roboter daraufhin überprüfen, ob sie gemäß den Regeln des Kriegsvölkerrechts agieren. Wie er in einem 2012 veröffentlichten Interview angab, glaubt er, dass das Schlachtfeld auf diese Weise »zu einem sichereren Ort für Unbeteilig-

---

243 Noel Sharkey: Die Automatisierung der Kriegsführung, in: Peter Strutynski (Hg.): Töten per Fernbedienung. Kampfdrohnen im weltweiten Schattenkrieg, Wien 2013, S. 157

244 Marsiske (Hg.), a. a. O., S. 8

245 Noel Sharkey: Die Automatisierung der Kriegsführung, in: Strutynski (Hg.), a. a. O., S. 157

te machen«[246] zu können. Er habe menschliches Verhalten, so Arkin weiter, im Kampfeinsatz ausgiebig studiert und das Ergebnis sei ernüchternd. Menschen machten hier viele Fehler und verhielten sich oft grausam. »Insofern könnte das Schlachtfeld der Ort sein, an dem sich ethisch agierende Roboter womöglich leichter realisieren lassen als anderswo.«[247] Zwischen Soldaten und Kampfmaschinen sieht er im Einsatz ohnehin mehr Gemeinsamkeiten als Unterschiede: »Roboter bekommen ihre Befehle von Menschen, genauso wie Soldaten, brauchen für die Durchführung ihrer Missionen aber Entscheidungsfreiraum. Dabei werden sie gewiss Fehler machen. Sie sollten daher erst zum Einsatz kommen, wenn erwiesen ist, dass sie weniger Fehler machen als Menschen. Sie werden menschliche Soldaten auch nicht komplett ersetzen, sondern an ihrer Seite kämpfen. Ich sehe sie vor allem in Spezialmissionen wie dem Einsatz gegen Scharfschützen, der Durchsuchung von Gebäuden oder anderen Aufgaben, für die Spezialisten benötigt werden.«[248]

Was die Entwicklung flugfähiger Kampfroboter betrifft, ist die Richtung der Forschungsbemühungen klar. Zunächst geht es um Hilfen bei der Navigation, der Verarbeitung von Sensordaten, der Aufmerksamkeitssteuerung und der Zielauswahl. Aufklärungsdrohnen werden nach und nach immer besser bewaffnet. Am Ende stehen Kampfsysteme, die selbstständig über die Verwendung von Waffen entscheiden und aufgrund ihrer Schnelligkeit im Luftkampf jedem menschlichen Piloten überlegen wären. In 20 Jahren rechnet das Pentagon mit der Einsatzreife solcher Systeme. Spätestens zu diesem Zeitpunkt wäre die Aufrüstung mit autonomen Robotern ein militärischer Sachzwang.[249]

---

246 Ron Arkin über die Ethik von Kampfmaschinen, in: Marsiske (Hg.), a. a. O., S. 142

247 Ebd.

248 Ebd., S. 144

249 Nach Angaben des Whistleblowers Edward Snowden arbeitet der US-Geheimdienst NSA schon heute an einem Cyberwar-Programm, das ohne menschliche Eingriffe selbsttätig auf digitale Attacken reagieren kann. In einem Interview mit dem US-Magazin *Wired* sagte Snowden, die Software mit dem Namen *Monstermind* diene der Abwehr von Cyberangriffen aus

Längst hat ein Rüstungswettlauf begonnen, »dessen innere Logik am Ende zur Automatisierung von militärischen Einsätzen führt«, so der genannte Hilmar Linnenkamp, dessen Werdegang – von der Führungsakademie der Bundeswehr über das Bundesverteidigungsministerium und die *European Defence Agency* zum SWP-Berater – exemplarisch für die enge Verzahnung für Politik, Militär und beratender Think-Tanks steht. Gegenüber der *taz* (30.6.2014) hielt er es zudem für »sehr wahrscheinlich, dass in den nächsten fünf bis zehn Jahren mehr und mehr automatisierte Systeme entwickelt werden.« Gemeinsam mit Marcel Dickow vom SWP, warnt er, die »Eigendynamik der technologischen Entwicklung birgt die Gefahr, dass der Mensch als moralischer Akteur abdankt, wenn über den Einsatz von Gewalt zu entscheiden ist.«[250] Mit dem Einsatz von Kampfrobotern »begäbe sich die Kriegsführung auf einen abschüssigen Weg, der – technisch bedingt – zwangsläufig im automatischen Einsatz tödlicher Mittel endet.«[251] Für Niklas Schörnig, einen wissenschaftlichen Mitarbeiter der *Hessischen Stiftung Friedens- und Konfliktforschung*, sind Drohnen daher »der erste Schritt auf eine schiefe Ebene, von der man sich am Ende möglicherweise wünschen wird, man hätte sie nicht betreten«.[252]

Autonome Kampfroboter, von denen hier die Rede war, verfügen keineswegs über so etwas wie einen eigenen Willen. Wie andere Roboter führen sie eine zuvor programmierte Folge von Operationen aus. Wenn von der Autonomie einer solchen Maschine die Rede ist, dann ist damit etwas anderes gemeint. Im Unterschied zu einer Maschine, die in einer vollautomatischen Werkhalle ein Auto zusammensetzt, agiert sie in einer offenen Umgebung, in der sie auf diverse

---

dem Ausland. Die Software könnte in Zukunft so weiterentwickelt werden, dass sie komplett automatisch reagiere. Vgl. James Bamford: »The most wanted man in the World«, in: Wired. September 2014, S. 95

250 Marcel Dickow / Hilmar Linnenkamp: Killing Drones. Ein Plädoyer gegen die fliegenden Automaten, in: Heinrich-Böll-Stiftung (Hg.), a. a. O., S. 66

251 Ebd., S. 66 f

252 Niklas Schörnig: Viele Fragen – kaum Antworten. Die Debatte über bewaffnete Drohnen für die Bundeswehr steht erst am Anfang, in: Heinrich-Böll-Stiftung (Hg.), a. a. O., S. 87

Zufallsereignisse flexibel reagieren muss. Weil sie durch entsprechende Sensoren dazu befähigt ist, kann sie bei entsprechender Programmierung Hindernissen ausweichen. »Wenn z. B. der linke Sensor einen Gegenstand wahrnimmt, würde sich der Roboter nach rechts bewegen, und wenn der rechte Sensor einen Gegenstand wahrnimmt, würde der Roboter sich nach links bewegen«, schreibt Noel Sharkey, Professor für Künstliche Intelligenz und Robotik an der Universität Sheffield in Großbritannien. Sogenannte Entscheidungsträger aus Politik und Militär gehen jedoch davon aus, dass die KI-Forschung in ihrem Auftrag tatsächlich Maschinen mit Bewusstsein und eigenem Willen entwickelt. »Wahre Künstliche Intelligenz, durch die eine Maschine eine ähnliche oder größere Fähigkeit besitzt, wie ein Mensch denken zu können, wird zweifellos die Spielregeln vollständig verändern, nicht nur im militärischen Bereich, sondern in allen Aspekten des modernen Lebens«, heißt es beispielsweise in der 2011 veröffentlichten *Joint Doctrin Note* des britischen Verteidigungsministeriums.[253] In »mehr als fünf und weniger als 15 Jahren«[254] soll dieser Zeitpunkt erreicht werden. Sharkey zitiert aus dem Papier, um zu verdeutlichen, wie konfus die Vorstellungen sind, die die Militärpolitiker seines Landes über autonome Robotersysteme haben. Denn auf der einen Seite wird »künstliche Intelligenz«, so stellt er richtig, auf vielfältige Weise »erreicht«, seitdem Forscher in den 1950er Jahren begannen, an entsprechenden Programmen zu arbeiten. Auf der anderen Seite ist eine Intelligenz, die der des Menschen auch nur in Ansätzen gleichkäme, längst nicht in Sichtweite der Wissenschaft. Wenn in dem bereits zitierten Regierungspapier daher von Robotern die Rede ist, die in der Lage seien, »Absicht und Anweisung eines gehobenen Niveaus zu verstehen«,[255] dann ist das für Sharkey Ausdruck eines konfusen Begriffsgebrauchs, der auch in Kreisen derjenigen zu beobachten ist, die es besser wissen müssten.

---

253 Zit. nach: Noel Sharkey: Die Automatisierung der Kriegsführung, in: Strutynski (Hg.), a. a. O., S. 153

254 Ebd.

255 Ebd.

Singularitätsideologen als Sicherheitsberater

Die Vorstellungen über Roboter als autonom handelnde Subjekte sind allerdings weniger überraschend, wenn man sich vor Augen hält, dass das den Gefahren einer vermeintlich kommenden Superintelligenz verschriebene *Future of Humanity Institute* von Nick Bostrom vom britischen Unterhaus, vom Büro des Premierminister sowie vom US State Department konsultiert wird. Als Berater in Fragen von Wissenschaft und Technik ist für den britischen Premier und den US-Präsidenten außerdem Eric Schmidt (*Google*) tätig, also der Verwaltungsratschef jenes Konzerns, dessen führende Repräsentanten zu den wichtigsten Förderern der Singularitätsbewegung gehören. »Die Entwicklung auf den Gebieten der Robotertechnik, der künstlichen Intelligenz und der unbemannten Flugobjekte stellt die größte Revolution in der Kriegsführung seit der Erfindung der Feuerwaffen dar«[256], heißt es in einem gemeinsam von ihm und Jared Cohen verfassten Buch. Ray Kurzweil wiederum, der als Chefingenieur die Intelligenz von *Googles* Suchmaschine verbessern soll, preist die vermeintliche Humanisierung der Kriegsführung: »Infolge intelligenterer Waffen gibt es einen starken Trend zu präzisen Missionen mit weniger Verlusten ... Jeder Krieg hat seine Tücken, doch die Anzahl der Verluste offenbaren eindeutig einen Übergang zu zielgenauer, intelligenter Kriegsführung. Wir sehen eine ähnliche Entwicklung wie in der Medizin, wo immer intelligentere Waffen gegen Krankheiten mit immer weniger Nebenwirkungen zum Einsatz kommen. Bei Kollateralschäden gibt es einen vergleichbaren Rückgang wie bei den Eigenverlusten«.[257] Kurzweil prognostiziert allerdings auch neue Gefahren, die mit dem Wettlauf von immer effektiveren Waffentechnologien verbunden seien: »Die Nanotechnik – welche tausendfach stärker, schneller und intelligenter ist als biologische Systeme – wird jedoch eine neue Existenzbedrohung durch selbstreplizierende Nanobots mit sich bringen. Diese Bedrohung wird wiederum durch starke künstliche Intelligenz aufge-

256 Schmidt/Cohen: Die Vernetzung der Welt, a. a. O., S. 292

257 Kurzweil, a. a. O., S. 43

hoben werden, welche ihrerseits neue Bedrohungen durch ›bösartige‹ KI schaffen wird«.[258]

Unterdessen werde die Existenzbedrohung durch biotechnisch konstruierte Viren in den 2020ern ihren Schrecken verlieren, wenn effektive Antivirustechnik auf der Basis von »Nanobots« verfügbar seien. Um die Forschung in die von ihm gewünschte Richtung voranzutreiben, schlug Kurzweil dem Wissenschaftsausschuss des US-Repräsentantenhauses im Jahr 2003 bei einer Anhörung vor, jährlich stolze zehn Milliarden Dollar zu investieren, um die USA »gegen die neuen, unterschätzten Existenzbedrohungen[259] durch die Nanotechnologien zu wappnen. Als eines von fünf Mitgliedern der *Army Science Advisory Group* (Asag) hat er das Pentagon nach eigenen Angaben bei der Auswahl von Forschungsprioritäten in technologischen Fragen beraten. Zudem kooperierte er mit den US-Streitkräften in Fragen von Bioterrorismus. In einem Interview sagte er: »Wir müssen über die Möglichkeit verfügen, rasch darauf reagieren zu können, ein biologisches Immunsystem. Ich arbeite mit der US-Armee an einem Projekt, das ein solches Virus rasch erkennen und unschädlich machen kann, ähnlich wie mit Computerviren.«[260]

Kurzweil ist Verfechter einer aggressiven Sicherheitsdoktrin, die den militärischen Erstschlag als geeignetes Mittel der Risikominimierung propagiert. Über »Präventivschläge gegen Terroristen mit Zugang zu Massenvernichtungswaffen oder Schurkenstaaten, die solche Terroristen unterstützen«, schreibt er, dass »ihre potenzielle Notwendigkeit« nicht zu leugnen sei: »Ein selbstreplizierendes Pathogen, ob biologisch oder nanotechnisch, könnte unsere Zivilisation innerhalb von Tagen oder Wochen zerstören. Wir können mit unseren Gegenmaßnahmen nicht auf die Mobilisierung einer Armee oder anderer Demonstrationen von Feindseligkeit warten.«[261] Die größte Gefahr, so Kurzweil, bestehe jedoch darin, »dass sich Systeme, die viel ge-

258 Ebd., S. 415

259 Ebd., S. 436

260 Gespräch mit Ray Kurzweil in: Gelpke / Kluge, a. a. O.

261 Kurzweil, a. a. O., S. 437

scheiter sind als wir, gegen uns wenden.«[262] Seine *Google*-Kollegen Eric Schmidt und Jared Cohen scheinen militärische Lösungen zu favorisieren, wenn es darum geht, die Bewaffnung missliebiger Staaten mit intelligenten Robotern zu verhindern. »Wir gehen davon aus, dass sich in extremen Situationen Allianzen bilden werden, um beispielsweise die Kampfroboter eines Schurkenstaates zu zerstören. Es ist auch vorstellbar, dass einige NATO-Staaten auf neue Mandate zur Intervention drängen, um mit Truppen die Errichtung von neutralen Zonen und unabhängigen Netzwerken durchzusetzen. In internationalen Sicherheitskreisen könnte dieser Gedanke als Fortsetzung der Doktrin der Schutzverantwortung gesehen werden, mit der der Sicherheitsrat der Vereinten Nationen 2011 das militärische Eingreifen der NATO in Libyen autorisierte.«[263]

Die verweigerte Debatte um Rüstungskontrolle

Statt die Rüstungsspirale im Bereich der intelligenten Kampfroboter und anderer Vernichtungsmittel durch Präventivschlagkonzepte immer weiter anzukurbeln, sind Initiativen für eine effektive Rüstungskontrolle in diesem Bereich dringend geboten. Einen Schritt in diese Richtung unternahmen am 28. Mai 2013 jene UN-Experten und Menschenrechtsaktivisten, die forderten, das bereits begonnene Wettrüsten durch ein Moratorium für Produktion, Tests, Erwerb und Weitergabe von Killerdrohnen und anderen automatischen Waffensystemen zu bremsen und durch entsprechende Rüstungskontrollvereinbarungen aufzuhalten. Der Einsatz solcher Kampfroboter verstoße möglicherweise massiv gegen das humanitäre Völkerrecht, warnte der UN-Sonderberichterstatter zu ungesetzlichen Hinrichtungen, Christof Heins. Die USA als einer der Hauptproduzenten sollten sich einer entsprechenden Empfehlung des zuständigen UN-Sonderberichterstatters anschließen, erklärte die Organisation *Human Rights Watch* (HRW).

262 Gespräch mit Ray Kurzweil in: Gelpke / Kluge, a. a. O.

263 Schmidt / Cohen, a. a. O., S. 309

Der Ruf nach einem Moratorium wird auch von *Amnesty International* und weiteren humanitären Organisationen unterstützt.

Den hiesigen Leitmedien sind solche Friedensinitiativen bislang allenfalls eine Randnotiz wert. An einer wirklich kontroversen Diskussion ist man in Deutschland nicht interessiert. Stattdessen werden Kritiker der Roboterbewaffnung als fortschrittsfeindlich diffamiert und sehen sich dem Vorwurf ausgesetzt, wahlweise ins Mittelalter, in die Zeit des Alten Testaments oder in die Steinzeit zurück zu wollen. Der Historiker Michael Wolffsohn, der bis 2012 an der Universität der Bundeswehr München lehrte, polemisierte, die Gegner der Kampfroboter orientierten sich im 21. Jahrhundert am Ideal des 11. und 12. Jahrhunderts. (Die Welt, 30.6.2014) Es gebe keinen Weg »zurück zu den Ritterkämpfen«, sagte der ehemalige Generalinspekteur der Bundeswehr, Harald Kujat (Berliner Zeitung, 30.6.2014). Und der Völkerrechtler Stefan Talmon behauptete, ein Verzicht auf Drohnen wäre die »Entscheidung für eine Kriegsführung im 21. Jahrhundert mit den Mitteln des 20. Jahrhunderts« (FAZ, 10.7.2014). Die Gegner von Kampfdrohnen sollten daher verlangen, »dass die Bundeswehr … wieder wie in biblischen Zeiten in die Schlacht zieht, am besten ohne Helm und Schild«, so Berthold Kohler (FAZ, 3.7.2014).

»In der Kritik an den Drohnen äußert sich die Ethik einer vorbürgerlichen Gesellschaft mit heroischen Idealen in nostalgischer Form«, dekretierte der Politikwissenschaftler Herfried Münkler bereits 2013.[264] Es werde »ein traditionelles Ethos des Kämpfertums aufgerufen, das der Welt aristokratischen Rittertums angehörte und das in den Narrativen des Westerns und der an ihn angelehnten Kriegsfilme in nostalgischer Form konserviert worden ist.« Da sie nicht mehr dazu bereit seien, eigene Soldaten zu opfern, so Münkler, seien westliche Gesellschaften verwundbar, wenn sie mit Feinden konfrontiert werden, die sich noch an Kriegertugenden orientieren. Um sich gegen Angriffe auf »U-Bahnen, Flugverbindungen und Hochhäuser« zu schützen, bliebe den »postheroischen Gesellschaften« kaum et-

---

264 Herfried Münkler: Neue Kampfsysteme und die Ethik des Krieges, in: Heinrich-Böll-Stiftung (Hg.), a. a. O., S. 13

was übrig, als ihre technologische Überlegenheit auszuspielen. Auch Münklers Forderung, Drohnen, Kampfroboter und Überwachungssysteme sollten den »Schlüssel zu einer Ethik bei der Schaffung von Sicherheit« darstellen, findet in der hiesigen Presse viel Resonanz. Wenn demokratische Staaten in Kriegen nicht »zuerst und vor allem ihr Material« einsetzen, »verstießen sie gegen ihr moralisches Seinsprinzip«, meint Michael Wolffsohn (Die Welt, 30.6.2014). Für ihn sind fliegende Kampfroboter »im Unmenschlichen, also dem Krieg, die menschlichste Variante.« (ebd.) Sogar die Europäische Menschenrechtskonvention (EMRK) wird ins Feld geführt, um die Ausrüstung der Bundeswehr mit Tod bringenden Drohnen zu begründen. Diese verpflichte den Staat, die Unversehrtheit seiner Soldaten durch eine angemessen Ausrüstung für den Auslandseinsatz zu bewahren. Sollte die Entscheidung für die Nichtbeschaffung von Kampfdrohnen zu deren Tod führen, »wären erfolgreiche Klagen vor dem Menschenrechtsgerichtshof in Straßburg wegen Verletzung der Schutzpflicht aus Artikel 2 EMRK nicht auszuschließen« so der Völkerrechtler Stefan Talmon in der *FAZ* (10.7.2014). Ein Autor der *Süddeutschen Zeitung* versuchte sogar den Eindruck zu erwecken, es seien längst alle Argumente ausgetauscht worden.[265] Folglich gebe es für die Verteidigungsministerin Ursula von der Leyen keinen Grund, ihre Entscheidung noch länger hinauszuzögern.

Tatsächlich hat eine breite und kritische Auseinandersetzung mit dem Thema Kampfdrohnen bis heute nicht stattgefunden. »Die Vorstellung davon, wozu Drohnen technologisch in der Lage sind und in welchen Formen sie bereits existieren und zukünftig gebaut werden, ist jenseits der informierten Zirkel noch wenig ausgeprägt«, schreiben Constanze Kurz und Frank Rieger vom *Chaos Computer Club*.[266] Von Seiten der militärischen Führung und der Bundesregierung besteht ein Interesse, die bei Auslandseinsätzen im Rahmen der NATO und der

---

265 »Die gesellschaftliche Debatte läuft, und zwar nicht erst seit Monaten, sondern seit Jahren«, so Christoph Hickmann (Süddeutsche Zeitung, 1.7.2014).

266 Constanze Kurz / Frank Rieger: Technologie als Waffe, in: Heinrich-Böll-Stiftung (Hg.), a. a. O., S. 16

EU agierenden deutschen Truppen technologisch so weit aufzurüsten, dass sie im Gefecht reibungslos kooperieren kann. Die für die außen- und sicherheitspolitischen Fragen zuständigen Ressorts in den großen Zeitungen und in den Rundfunkanstalten scheinen das in der Mehrzahl ähnlich zu sehen.

10.
Zukunft für Mutanten

Singularität und US-Vorherrschaft in der Geschichtserzählung des Ian Morris

Zu den Befürwortern der Drohnenkriegsführung gehört ein Archäologie und Historiker von Weltruf: Ian Morris. Diese sei »sehr viel moderater« als »jede andere Methode«,[267] schreibt der Autor mehrerer internationaler Bestseller, der oft als Studiengast im amerikanischen US-Fernsehen zu sehen ist. Der prominente Wissenschaftler ist es gewohnt, auf enge Tuchfühlung mit Militärs und Geheimdiensten der USA zu gehen. 2013 bekam er auf dem Luftwaffenstützpunkt *Creech Airforce Base* in Nevada die Gelegenheit, die Steuerung einer Kampfdrohne auf einem Simulator eigenhändig auszuprobieren. Bereits im Juli 2011 hielt er auf Einladung von Mat Burrows, dem Berater des NSA-Chefs, und von Banning Garret, dem Leiter der *Strategic Foresight Initiative* im *Atlantic Council*[268], Vorträge vor deren Organisationen. Seitdem hat er nach eigenem Bekunden an mehreren ihrer Treffen im Silicon Valley teilgenommen.[269] Was er dort erfuhr, hat

---

267 Ian Morris: Krieg. Wozu er gut ist, Frankfurt a. M. / New York 2013, S. 448

268 Das 1961 gegründete *Atlantic Council* ist ein Think-Tank, dessen Auftrag es ist, die »konstruktive US-Führerschaft« zu fördern. Zu seinen Vorsitzenden gehörte u. a. Chuck Hagel, der im Februar 2013 Verteidigungsministers wurde.

269 Vgl. Morris, a. a. O., S. 445, Fußnote

ihn augenscheinlich in der Auffassung bestätigt, dass »die Vereinigten Staaten Gewalt anwenden müssen, um Stabilität zu garantieren. Sie müssen genügend für ihre Streitkräfte ausgeben, um als Globocop agieren zu können«.[270] Seine Lehrtätigkeit an der Universität Stanford ist an dem gebürtigen Briten nicht spurlos vorübergegangen. Sie findet ihren Niederschlag in einer simplen und eindimensionalen Theorie der Zivilisationsentwicklung, die gesellschaftlichen Fortschritt auf eine Geschichte gewaltsamer Konfliktaustragung reduziert.

Während er mit seiner These, dass Krieg insofern zu etwas gut sei, durchaus Widerspruch provozierte, nahm an seiner zweiten zentralen Behauptung, dass die Ära der Herrschaft des Menschen schon in wenigen Jahrzehnten von einer neuen Spezies abgelöst werden könnte, von seinen vielen Rezensenten kaum jemand Anstoß: »In unserem Ringen ums Überleben bringen wir neue bizarre Mutanten mit großen Gehirnen hervor und schließen mit Hilfe von Maschinen unsere schlichten biologischen Einzelgehirne zu einer Art Superorganismus zusammen. Was wir so schaffen, ist in gewisser Hinsicht die ultimative zwangsoffene Gesellschaftsordnung bar aller Barrieren zwischen Individuen. Alter, Geschlecht, ethnische Zugehörigkeit, Sprache, Bildung, was immer Sie wollen – alles wird in diesem Superorganismus aufgehen. Vielleicht wird das Ganze nur so weit gehen, dass wir Gedanken, Erinnerungen und Persönlichkeiten teilen (Nicolelis' Vermutung[271]), oder vielleicht wird es auch den Punkt erreichen, da Individualität nicht mehr viel bedeutet (Kurzweils Vermutung). Vielleicht wird es auch viel weiter gehen und das, was wir heute noch herablassend als ›künstliche Intelligenz‹ bezeichnen, wird die ineffiziente altmodische tierische Intelligenz ein für alle Mal verdrängen. Wir wissen es nicht, aber wenn die Geschichte uns in irgendeiner Weise Richtschnur sein kann, dann müssen wir damit rechnen, dass die Mutanten – die neue Version unserer Art – die alte Version von uns genauso gründlich verdrängt, wie wir einst die Neandertaler verdrängt haben.«[272] Die viel beachteten

270 Ebd., S. 475

271 Gemeint ist der Neurowissenschaftler Miguel Nicolelis.

272 Morris, a. a. O., S. 464

Arbeiten von Morris zeigen, wie die Idee der Singularität als extremste Spielart der auf technische Lösungen fixierten kalifornischen Ideologie längst die Geistes- und Sozialwissenschaften zu erobern begonnen hat. Mit dem zweifelhaften Erfolg, dass die Komplexität gesellschaftlicher Konflikte aus dem Blick gerät und überlegene kriegerische Gewalt mitunter als eigentlicher Fortschrittsmotor gepriesen wird.

Lob der Gewalt

Bei seiner Bejahung des Kriegs als Mittel gesellschaftlicher Entwicklung hat Morris nicht bestimmte Kriege im Sinn, etwa jene gegen die europäische Kolonialherrschaft oder den zur Befreiung vom Faschismus. Er meint vielmehr, dass dem Krieg als solchem eine zivilisatorische Qualität zukomme, ohne die humanitärer Fortschritt nicht möglich sei.

In seinem 2013 – also gezielt im Vorfeld des Gedenkens an »100 Jahre Erster Weltkrieg« – in einem renommierten Verlag erschienenen Buch *Krieg. Wozu er gut ist* behauptet er, dass der Krieg die Welt durch »die Schaffung größerer Gesellschaften, stärkerer Staaten und größerer Sicherheit«[273] auf eine produktive Weise bereichert habe. Kriege seien zwar die denkbar schlimmste Methode zur Schaffung größerer, friedfertiger Gemeinwesen, »aber andererseits so ziemlich die einzige, auf die der Mensch gekommen ist«.[274] Da die Menschen »ihr Recht, einander zu töten oder zu berauben«[275] nicht freiwillig aufgeben, sei kriegerische Gewalt oder die unmittelbare Angst davor der einzige Weg dazu gewesen, um friedliche Zustände herzustellen.

In historischer Perspektive sei der Krieg, trotz seiner Schrecken, das kleinere Übel gewesen, »weil die Geschichte zeigt, dass er nicht so schlimm ist wie seine Alternative: Gewalt auf Steinzeitlevel als Normalzustand, und das Tag für Tag«.[276] Dem liegt eine negative Anthro-

273 Ebd., S. 16

274 Ebd.

275 Ebd.

276 Ebd., S. 19

pologie zugrunde, die den Menschen in erster Linie als Bestie versteht: »Das Tier ist Teil von uns, von ganz innen, innen, innen. Für uns kommt Totschlag vor Palaver, weil wir von Natur aus geborene Killer sind.«[277]

Erst die gewaltsame Herausbildung von immer größeren Staaten, Morris nennt diese in Anlehnung an eine bekannte Schrift des englischen Philosophen Thomas Hobbes »Leviathane«,[278] habe das Biest im Menschen gezähmt und die Gattung auf den Weg der Zivilisation gebracht. Er schreibt: »Gesellschaftliche Entwicklung entspricht nicht genau Leviathans Stärke, kommt ihr aber sehr nahe.«[279] Erst der zentral regierte Staat sei in der Lage gewesen, die Menschen in großem Maßstab zu disziplinieren, etwa junge Männer dazu zu überreden, in lebensbedrohlichen Situationen Befehlen zu gehorchen. Das »gehört zu Leviathans größten Leistungen«,[280] meint Morris.

Kulturelle Entwicklung, ökonomischer Fortschritt und staatliche Gewalt bilden für ihn eine unauflösliche Einheit: »Gewalt und Kommerz sind zwei Seiten ein und derselben Medaille, denn die unsichtbare Hand braucht eine unsichtbare Faust, die ihr den Weg ebnet, bevor sie ihren Zauber bewirken kann.«[281] Auf die sich so vollziehende Entwicklung können Menschen planend kaum einen Einfluss nehmen, denn für den Historiker unterscheidet sich die Geschichte nicht vom Prozess der natürlichen Auslese. »Ließe man uns wählen, wie wir aus der mittellosen gewalttätigen Steinzeit zu Frieden und Wohlstand unserer Tage kommen wollten, sähen sicher nur wenige von uns gerne Krieg als Mittel zum Zweck, aber die Evolution – nichts anderes ist die Menschheitsgeschichte – wird nicht von unseren Wünschen getrieben. Am Ende ist das einzige, was zählt, die finstere Logik des Todesspiels.«[282]

277 Ebd., S. 352

278 Ebd., S. 111

279 Ebd., S. 138

280 Ebd., S. 114

281 Ebd., S. 257

282 Ebd., S. 409

Heute hänge das Wohl der gesamten Menschheit von der Fähigkeit der USA ab, ihre Vorherrschaft in der Welt gegen Anfechtungen jeder Art erfolgreich zu behaupten und zugleich zu verhindern, dass der Einsatz von Massenvernichtungsmitteln der Gattungsgeschichte ein Ende setzt. »Über Tausende von Jahren hinweg schuf der Krieg (auf lange Sicht) Frieden, sorgte die Zerstörung für Wohlstand. In unserer Zeit jedoch führt die Menschheit ihre Kriege so gut – unsere Waffen sind so destruktiv geworden, unsere Organisationen so effizient –, dass der Krieg Kriege dieser Art unmöglich zu machen beginnt.«[283]

Für die nähere Zukunft sieht der Autor nur zwei Entwicklungsmöglichkeiten: Entweder vernichtet sich die Menschheit mit Hilfe von Atomwaffen selbst, oder es gelingt ihr, unter der Leitung der Hegemonialmacht USA so lange durchzuhalten, bis der technologische Fortschritt für die Abschaffung des Krieges sorgt. In beiden Varianten spielen Menschen, wie wir sie heute kennen, keine Rolle mehr. In der Welt ohne Krieg, die Morris vorschwebt, ist der Homo sapiens durch eine höhere, künstliche Intelligenzform abgelöst worden. Ein Rezensent der *FAZ* (4.11.2013) hat die Pointe dieses posthumanen Zukunftsentwurfs offensichtlich nicht verstanden. Er hält Morris unangebrachten »Optimismus« vor.

Vom Kolonialismus zum Globocop

Eine besonders segensreiche Wirkung für das Voranschreiten der Zivilisation schreibt Morris den kolonialen Eroberungsfeldzügen der europäischen Staaten zu. Seit dem 15. Jahrhundert hätten diese »einen 500-jährigen Krieg gegen den Rest der Welt« geführt, der mittels einer »verdrehten Magie«[284] letztlich vor allem Gutes bewirkt habe. Ganz besonders treffe das auf die Eroberung Amerikas zu. Diese habe einen interkontinentalen Markt geschaffen, »der eine geografische Arbeitsteilung hervorbrachte und Menschen an jeder Küste reich machte.

283 Ebd., S. 17

284 Morris, a. a. O., S. 208

Er gab jedem Land an der Nordatlantikküste einen wirtschaftlichen Vorteil gegenüber anderen und ermunterte Unternehmer, sich zu spezialisieren: auf Sklavenfang in Afrika, auf Plantagen in der Karibik und in den nordamerikanischen Südstaaten und auf Manufakturen in Europa und den amerikanischen Nordstaaten.«[285]

Zum Ende des 19. Jahrhunderts, bilanziert Morris den europäischen Kolonialismus, habe dieser die Welt zunehmend reicher und sicherer gemacht. Er stimmt dem Schriftsteller Rudyard Kipling zu, der die auch gewaltsam durchgeführte »Zivilisierung« nichteuropäischer Völker zur »Bürde des Weißen Mannes« überhöhte und gibt Großbritanniens Premierminister David Cameron recht, der noch im Jahr 2013 während eines Staatsbesuchs in Indien erklärte: »Ich glaube, dass es jede Menge Grund gibt, stolz auf das zu sein, was das Britische Empire vollbracht hat.«[286] Zwar räumt Morris ein, »dass die reichen Erträge der europäischen Kolonialreiche in vielen Fällen in der Zerstörung unabhängiger politischer Systeme und indigener Kulturen wurzelten. Dennoch ist das ein Zusammenhang, den Ökonomen häufig als kreative Zerstörung bezeichnen.«[287] Denn sobald die Eroberungsfeldzüge beendet und die Rebellionen niedergeschlagen worden waren, hätten die Kolonialherren in der Regel die Rate der gewaltsamen Tode gesenkt. Schließlich sei der 500 Jahre währende Kolonialkrieg der Europäer gegen den Rest der Welt der produktivste Krieg gewesen, »den die Welt bis dahin erlebt hatte«.[288] Und »er schuf die größte, sicherste und wohlhabendste Gesellschaft (oder Weltordnung)«.[289]

In Morris' eindimensionaler Geschichtsbetrachtung spielen Klassenauseinandersetzungen als Motoren, Ideen als Impulse oder Unterdrückung und Herrschaft als Ergebnisse historischer Prozesse so gut wie keine Rolle. Die durch staatliche Gewalt forcierte Freisetzung von Arbeitskräften in der Landwirtschaft, wie sie etwa von Karl Marx als

285 Ebd., S. 251

286 Zit. nach: ebd., S. 276

287 Ebd., S. 285

288 Ebd., S. 276

289 Ebd.

sogenannte ursprüngliche Akkumulation im ersten Band des *Kapital* geschildert wurde, erscheint bei ihm als harmonischer Prozess, in dem Männer aufhörten, »in der Landwirtschaft zu arbeiten, wenn die Abwanderung in die Städte bessere Löhne versprach. Manche ließen ihre Familien spinnen und weben, um Geld zu verdienen; andere verließen die Felder und arbeiteten in Manufakturen. Auch wenn es im Detail Unterschiede gab, verkauften Europäer im 17. und 18. Jahrhundert zunehmend ihre Arbeitskraft an Arbeitgeber und arbeiteten länger. Je mehr sie arbeiteten, umso mehr Zucker, Tee und Zeitungen konnten sie kaufen – und das bedeutete, dass mehr Sklaven über den Atlantik verschleppt, mehr Flächen für Plantagen gerodet und mehr Fabriken und Manufakturen eröffnet wurden. Der Umsatz stieg, die Produktion größeren Stils ermöglichte Kosteneinsparungen, die Preise sanken, was weiteren Westeuropäern den Zugang zu dieser Warenwelt eröffnete.«[290] Die bürgerliche Klassenperspektive des Autors wird besonders deutlich, wenn er »hohe Löhne« als Problem darstellt, das findige Unternehmer mit der Verbesserung der Produktivität durch Maschinenkraft beantworteten. So schreibt er: »Im 18. Jahrhundert standen auch die Eigentümer von Kohlebergwerken vor dem Problem hoher Löhne.«[291]

Morris bedauert, dass die nach der Oktoberrevolution in den russischen Bürgerkrieg intervenierenden ausländischen Mächte nicht in der Lage waren, ihre Kräfte effektiv zu koordinieren: »Großbritannien und Frankreich beschlossen im Mai 1918, in den Bürgerkrieg einzugreifen, und am 11. November, eben an dem Tag, an dem an der Westfront Ruhe einkehrte, begannen die Kampfhandlungen. Eine viertel Million ausländischer Soldaten (überwiegend Briten, Tschechen, Japaner, Franzosen und Amerikaner mit polnischen, indischen, australischen, kanadischen, estnischen, rumänischen, serbischen, italienischen, griechischen und sogar chinesischen Kontingenten) waren auf russischem Boden im Einsatz. Hätte es sich beim Völkerbund tatsächlich um eine kapitalistische Verschwörung gehandelt, hätten Le-

290 Ebd., S. 252

291 Ebd., S. 266 f

nin und seine Gefolgsleute sich nicht lange genug gehalten, um sie verdammen zu können. Aber da es keinen Weltpolizisten gab, der die Operationen hätte leiten können, gingen die Interventionen im russischen Bürgerkrieg im Chaos unter.«[292]

Im Unterschied zu damals werde die Rolle des Weltpolizisten, den Morris auch gerne »Globocop« nennt, heute ausgefüllt: von den USA als der unbestrittenen Führungsmacht des Westens, die sich diese Aufgabe mit den Staaten der Europäischen Union teile. Während letztere – bei aller Beteiligung an Kriegen – den eher diplomatischen Teil der Hegemoniearbeit übernehme, spricht der Globocop die Sprache der Gewalt. Davon macht sich Morris auch gerne persönlich ein Bild: So besuchte er 2012 das Trainingszentrum der US-Armee im kalifornischen Fort Irwin, wo Soldaten auf ihre Einsätze in Übersee vorbereitet werden.

Pax Technologica

Beide seien dabei aufeinander angewiesen. »Die Europäer können venushaft agieren, weil die Amerikaner Marsianer sind. Ohne den Globocop Amerika wäre Europas Taubenstrategie nicht möglich, aber andererseits könnten es sich die Amerikaner ohne europäisches Taubengebären nicht leisten, weiter den Weltpolizisten zu geben. Hätte die Europäische Union in den vergangenen 15 Jahren falkenhafter gehandelt, würden die Kosten für ein Gegensteuern die Position Amerikas längst unterminieren – genauso, wie die Kosten für den Wettbewerb mit Deutschland den britischen Weltpolizisten vor hundert Jahren die Vorherrschaft gekostet hat. Mars und Venus brauchen einander.«[293] Würden sich die USA der Rolle des Weltpolizisten verweigern, drohe die Gefahr eines dritten Weltkrieges. »Die einzige Alternative zu einem Globocop ist das erneute Abspulen des Drehbuchs der Zeit der 1870er bis 1910er Jahre, dieses Mal allerdings mit

292 Ebd., S. 313

293 Ebd., S. 416 f

Nuklearwaffen.«[294] Die USA seien deshalb »die letzte große Hoffnung für die Welt«.[295] Wenn sie scheiterten, scheitere die Welt. Die USA müssten bereit sein, »zur Durchführung ihres Jobs jeden Preis zu zahlen, jede Last zu tragen und jede Härte zu erdulden, denn es gibt keinen Plan B«.[296] Das sei jedenfalls so lange nötig, bis die »Pax Americana« einer »Pax Technologica«[297] Platz gemacht habe.

Morris meint, dass die USA keine andere Wahl haben, als eine menschenähnliche technische Intelligenz zu entwickeln und diese zu bewaffnen. Die Menschen seien dabei, ihre »tierische Individualität aufzugeben und Teil von etwas zu werden, das vom Homo sapiens so weit entfernt ist, wie wir es von unseren einzelligen Urahnen sind«.[298] Damit knüpft Morris direkt an die Vorhersagen Ray Kurzweils und anderer Vertreter der transhumanistischen Denkschule an. Und hofft auf den Beginn des Zeitalters der technologischen Singularität, das des »ersten postbiologischen Mensch-Maschine-Wesens«,[299] wie er den Protagonisten des herbeigesehnten posthumanen Zeitalters schon in seinem vom Berliner Politikwissenschaftler Herfried Münkler hochgelobten Buch *Wer regiert die Welt* bezeichnet. »Eine sich selbst vervollkommnende Singularität wäre das Ende der Biologie, wie wir sie kennen – und damit auch das Ende von Faulheit, Angst und Gier als Motoren der Geschichte«,[300] so Morris. Schritte in diese Richtung würden längst gegangen, »zumindest nehmen Regierungen und Militärs diese Aussichten so ernst, dass sie mit entsprechenden Planungen begonnen haben.«[301] Offensichtlich werden diese Bemühungen von Morris begrüßt. Er schreibt: »Die Geschichte, auf die es wirklich ankommt, ist nicht die des Westens, nicht die des Ostens, auch nicht

294 Ebd., S. 467
295 Ebd., S. 467
296 Ebd., S. 476
297 Ebd., S. 475
298 Ebd., S. 465
299 Morris: Wer regiert die Welt?, a. a. O., S. 591
300 Ebd., S. 590
301 Ebd., S. 568

die einer anderen Unterabteilung der Menschheit. Die bedeutsame Geschichte ist global, ist eine der Evolution. Sie erzählt uns, wie wir vom Leben als Einzeller zur Singularität gelangt sind.«[302]

Die Initiative »Ordensleute für den Frieden« protestierte, als der *Campus Verlag* das Buch *Krieg. Wozu er gut ist* im Oktober 2013 in Kooperation mit dem US-Generalkonsulat in der Deutschen Nationalbibliothek in Frankfurt am Main vorstellte.[303] Das Buch ist ein Beispiel dafür, wie der Irrationalismus im Gewand der Singularitäts-Idee Einzug in die Geistes- und Sozialwissenschaften hält. Die aus einer technisch verzerrten Denkweise heraus entwickelten Konzepte, die in den Ideenschmieden und Laboren des High-Tech-Kapitalismus ausgebrütet, von angesehenen Verlagen weltweit verbreitet und im bürgerlichen Feuilleton beklatscht werden, zeugen von einer neuen Stufe der Zerstörung der Vernunft.

302 Ebd., S. 591

303 Vgl. junge Welt, 18.10.2013. Der *Campus-Verlag* verwahrte sich u. a. in einem Leserbrief an die *junge Welt* gegen den Eindruck, es handele sich um ein »für den Krieg Propaganda machendes Buch«. Die Thesen von Ian Morris seien vielmehr »hoch relevant für das Verständnis der Weltgeschichte«.

11. Der Staat als Versuchslabor

Warum Milliardäre schwimmende Inseln bauen und Piraten sein wollen

Auch dies gehört in den Zusammenhang mit einer vom Silicon Valley ausgehenden Tendenz zur Zerstörung der Vernunft: In den Kreisen der dortigen High-Tech-Milliardäre erfreuen sich insbesondere solche Ideen besonderer Beliebtheit, mit deren Hilfe staatliche Regulierungen außer Kraft gesetzt oder umgangen werden können. Denn diese bremsen nur die Expansion von Unternehmen, die von der Idee des exponentiellen Wachstums angetriebenen sind.[304] »Es gibt eine Menge Dinge, die wir gerne machen würden, aber leider nicht tun können, weil sie illegal sind. Wir sollten ein paar Orte haben, wo wir sicher sind. Wo wir neue Dinge ausprobieren und herausfinden können, welche Auswirkungen sie auf die Gesellschaft haben«, sagte *Google*-Mitgründer Larry Page im Jahr 2013.[305] Leute wie er nehmen sich ganz selbstverständlich die Freiheit heraus, Gesetze links liegen

---

304 Ob es sich um die Zulassung selbstfahrender Autos und Drohnen im Straßen- bzw. Luftverkehr handelt oder um neue Erfindungen im Bereich der Biotechnologie: Überall stoßen die aus dem Silicon Valley angestoßenen Entwicklungen noch auf lästige Regulierungen, die einer Beschleunigung des Innovations- und Vermarktungsprozess im Weg stehen.

305 Hier zit. nach der am 13.4.2014 ausgestrahlten Folge des ARD-Magazins *Titel, Thesen, Temperamente.*

zu lassen, wenn es ihren Interessen entgegenkommt. Die Staatsfeindschaft der Hightech-Unternehmer schöpft dabei zum Teil aus dem gleichen ideologischen Fundus rebellischer Traditionen wie manchen linken Positionen. So knüpfte *Apple*-Gründer Steve Jobs an den mit den Piraten der Karibik verbundenen Mythos einer rebellischen Gemeinschaft der Freien und Gleichen an, als er die Totenkopfflagge in der Zentrale seines Konzerns hisste.

Die Überlieferung piratischer Demokratie ist eng mit der legendären Insel Libertatia verbunden.[306] Der Historiker Peter Lamborn Wilson [Hakim Bey] entwickelte am Beispiel realer, aber kurzlebiger Piratendemokratien und maurischer Seeräuberrepubliken eine Theorie sogenannter Temporärer Autonomer Zonen, deren Rezeption nicht auf linke Kreise beschränkt blieb. Ausgerechnet Patri Friedman, ein 1976 geborener Enkel des ultraliberalen Ökonomen Milton Friedman, stellt sein Silicon-Valley-Projekt schwimmender Inselstaaten ausdrücklich in diese Tradition. 2008 gründete das Vorstandsmitglied der

306 Vgl. Peter Lamborn Wilson: Piraten, Anarchisten, Utopisten. Mit ihnen ist kein Staat zu machen, Berlin 2009, S. 143. Die Existenz von Libertatia belegt nur eine einzige Quelle: Der zweite Teil einer Geschichte der Piraterie von 1726: *A General History of the Robberies and Murders of the Most Notorious Pirates* von Captain Charles Johnson. Während bis heute umstritten ist, dass es sich bei Johnson um ein Pseudonym von Daniel Defoe handelt, wird nicht mehr davon ausgegangen, dass es die Siedlung Libertatia in der von ihm geschilderten Form tatsächlich gab. Dennoch sprechen ihm Piratenforscher einen Wahrheitskern zu. (Vgl. Gabriel Kuhn: Unter dem Jolly Roger: Piraten im goldenen Zeitalter, Berlin / Hamburg 2011, S. 133) Im 17. und frühen 18. Jahrhundert gab es tatsächlich zahlreiche, aber nur kurzlebige Freibeutersiedlungen, so auf den Inseln Hispaniola, Tortuga und New Providence in der Karibik sowie auf Madagaskar. Unbestritten ist, dass ausgerechnet die raubenden und mordenden Piraten sich untereinander sozial und demokratisch organisierten (Vgl. Rüdiger Haude: Frei-Beuter. Charakter und Herkunft piratischer Demokratie im frühen 18. Jahrhundert, in: Zeitschrift für Geschichtswissenschaft, Heft 7/8, 2008, S. 600). Den egalitären Geist auf den Piratenschiffen bekamen vor allem hochgestellte Gefangene zu spüren (Vgl. Peter Linebaugh / Marcus Rediker: Die vielköpfige Hydra. Die verborgene Geschichte des revolutionären Atlantiks, Berlin / Hamburg 2008, S. 178). Die ungebrochene Attraktivität des Libertatia-Mythos belegt der Refrain aus dem Titelstück des Albums der Gruppe *Ja, Panik*: »Wo wir sind, ist immer Libertatia …« (2014)

transhumanistischen Organisation *Humanity+* gemeinsam mit Wayne Gramlich, Randolph Heucken und weiteren Mitstreitern das *Seasteading Institute*, um außerhalb des Zugriffs der Nationalstaaten auf dem Meer neue Gesellschaftsformen auszuprobieren.[307]

In Patri Friedmans Vision gesellschaftlicher Entwicklung erscheinen alle Probleme, selbst der Tod, durch ungebremsten ökonomischen Wettbewerb und technologischen Fortschritt lösbar. Er sagte: »Die größten Probleme der Menschheit sind für mich: die Sterblichkeit, das Altern und die Restriktion, dass wir den Weltraum noch nicht besiedeln können. Die Menschheit wird ja nicht mehr lange auf einem Planeten, der zudem auch noch zerstört werden könnte, leben können. Wir brauchen Wirtschaftswachstum, um all diese Dinge verbessern zu können, denn das ist sehr teuer.«[308]

Die Idee für das Projekt, schwimmende Inseln aus modularen Einheiten auf dem Meer zu errichten, sei Patri Friedman 2001 gekommen, als er als Student viel über die Ideen der sogenannten Libertarians erfahren habe: »Irgendwann begriff ich, dass mir nur dann die Möglichkeit gegeben wäre, in der freiheitlichen Gesellschaft zu leben, die meiner Vorstellung entspricht, wenn wir viele ganz unterschiedliche Gesellschaften gründen, die miteinander in einen Wettbewerb um Einwohner eintreten. Ich schrieb das Buch *Seasteading: A Practical Guide to Homesteading the High Seas*.«[309] Friedman erläuterte sein Konzept so: »Wenn jemand auf eine Stadt keine Lust mehr hat, schwimmt er einfach zu einer anderen und schließt sich dieser an. Städte könnten sich frei entscheiden, welchem Land sie sich anschließen wollen und so weiter. An Land ist das nicht möglich, kein Land der EU zum Beispiel kann einfach wegschwimmen und sich einem anderen Bündnis anschließen. Es ist vielleicht nicht ganz billig, aufs Meer zu ziehen. Es ist aber auf jeden Fall besser, als an Land zu leben.«[310]

---

307 Dafür gab er einen gut bezahlten Job als Marktforscher bei *Google* auf.

308 Im Gespräch mit: FAZ, 7.9.2009

309 Ebd.

310 Gegenüber Zeit online am 29.5.2008

Ursprünglich hatten die Visionäre vom *Seasteading Institute* geplant, ihre schwimmenden Plattformen auf extraterritorialen Gewässern treiben zu lassen. Doch erwies sich diese Variante als zu teuer. Nun bemüht man sich um einen Ankerplatz vor der Küste eines Staates, der gewillt ist, das Siedlungsvorhaben zu unterstützen. Das erinnert an das neokoloniale Konzept sogenannter Charter Cities, das Paul Romer, Ökonom, ehemaliger Stanford-Professor und ehemaliger Betreiber einer Lernsoftware-Firma, vorantreibt. Die Idee: Ein Staat des Südens stellt wohlhabenden westlichen Staaten ein Teil seines Territoriums zur Neugründung einer Stadt zur Verfügung und tritt die Souveränitätsrechte an diesem Gebiet für eine vertraglich festgelegte Zeit an diese Staaten ab. Die stellen Geld und administrative Leistungen zur Verfügung. Eine Entwicklungsbehörde ist für die Gesetzgebung und Ordnungsaufgaben zuständig. Privatleute investieren in Handelsniederlassungen und industrielle Produktionsstätten, in denen Arbeiter beschäftigt werden, die aus Armutsgebieten des Gastgeberstaats zuwandern. Die westlichen Unternehmen profitieren von den niedrigen Löhnen. Auf elementare politische Rechte und Freiheiten müssen die Arbeiter verzichten. Sie dürfen die Regierung oder die Verwaltung nicht wählen und auch sonst auf keine Weise mitbestimmen.[311]

Einen Staat für die Offshore-Siedlung hat man auch schon ins Auge gefasst: »Zum Beispiel Honduras. Flache Küstengewässer, angenehmes Klima und die Armut machen das kleine mittelamerikanische Land zum idealen Kandidaten. Nachdem sie etliche Orte nach Kriterien wie Wassertiefe, Strömung, Seegang und Entfernung zum nächsten Flughafen abgeklopft haben, empfahlen die Ingenieure von *DeltaSync*, einer niederländischen Firma, die sich auf Bauen im Wasser spezialisiert hat, den Auftraggebern aus Kalifornien in ihrer eben veröffentlichten Studie die Fonseca Bay als idealen Ankerplatz.«[312] In fernerer Zukunft will man die Plattformen in internationalen Gewässern errichten. Bis

311 Vgl. Thomas Wagner: Dreiste Landnahme. Neuer Kolonialismus. Der US-Ökonom Paul Romer bezweckt mit seinem Konzept der Charter Cities keine Entwicklungshilfe, sondern Ausbeutung und Fremdherrschaft, in: junge Welt (27.04.2010), S. 10f

312 So die Süddeutsche Zeitung am 23. Januar 2014

es soweit ist, sollen sie unter der Flagge jenes Staates bleiben, dessen Hoheitsgewässer sie nutzen. Am Ende will man jedoch erreichen, dass die schwimmenden Inseln von anderen Staaten als eigene Nationen anerkannt werden. »Letztlich sollen Hunderte oder Tausende der künstlichen Inseln oder Seasteads in den Meeren treiben, lauter kleine, irgendwie autonome Einheiten, ein Archipel an unabhängigen Stadtstaaten.«[313] Patri Friedman schwebt Großes vor: »Ich will ein schwimmendes Hongkong erschaffen, kein schwimmendes Dörfchen! Und das wird im besten Fall Jahrzehnte dauern.«[314]

Demokratie? Eine veraltete Technologie

In seiner Vorstellung sollte das politische System nach der gleichen Logik funktionieren wie die kapitalistische Wirtschaft. »Wenn Sie sich die Regierung eines Staates als Teil einer Industrie vorstellen, dann sehen Sie: Es findet kaum Wettbewerb statt, und es ist ziemlich schwer, einen neuen Staat aufzubauen. Die Kunden, also die Bürger eines Staates, sind außerdem über extrem lange Zeiträume an Regierung und Staaten gebunden. Vergleichen Sie das mal mit einem Handyvertrag über ein oder zwei Jahre! Es ist sehr schwierig und teuer, von einem Land in ein anderes zu gehen. Und die Regierungen haben keine Anreize, es besser zu machen, weil die Bürger so oder so da sind«, so Friedman.[315] In den Worten von Friedmans Mitarbeiter Randolph Hencken geht es darum, einem »aufgeblähten Wohlfahrtsstaat« und dem wachsenden »Einfluss der Regierung«[316] etwas entgegenzusetzen. Joe Quirk, ein weiterer seiner Mitstreiter vom *Seasteading Institute*, klagt: »In unserem System haben Regierungen ein Monopol. Wir Bürger sind Gefangene. Es gibt viele Ideen für andere Staatsformen. Aber keinen Platz, sie auszuprobieren.«

313 Telepolis, 6.6.2008

314 Im Gespräch mit: FAZ, 7.9.2009

315 Gegenüber Zeit online am 29.5.2008

316 So zitiert ihn die Süddeutsche Zeitung am 23.1.2014

Die Demokratie erscheint diesem Denken jedenfalls als hoffnungslos veraltet. Nach Ansicht von Hencken hat sie das »Leben von Milliarden Menschen verbessert, aber es ist eine 230 Jahre alte Technologie.« Und sie ist für Patri Friedman viel zu schwerfällig: »Stellen Sie sich ein Regierungs- und Steuersystem, also diese ganze Sammlung von Regeln und Gesetzen, einmal als eine Technologie vor. Mit Technologien sollte man doch experimentieren, und man muss sagen, dass wir sehr wenig experimentieren! Das Staatssystem ist eine Technologie – und es gibt in diesem Sektor überhaupt keine Start-ups. Wir möchten den Menschen ermöglichen, mit Staatsformen zu experimentieren und so Fortschritt ermöglichen.«[317]

Eine Anschubfinanzierung von 500.000 Dollar und mindestens eine weitere Geldspritze in der gleichen Größenordnung erhielt Patri Friedman von einem anderen wichtigen Akteur des Silicon Valley: Peter Thiel. Das war schon deshalb notwendig, weil die überschaubaren Einnahmen aus den Mitgliedsbeiträgen für die Realisierung schwimmender Inseln bei weitem nicht ausreichen dürften: »Eine Seepferdchen-Mitgliedschaft kostet jährlich 25 Euro, eine Quallen-Mitgliedschaft 100 Euro, die Delphin-Mitgliedschaft 600 Euro.«[318] Er ist angetrieben von der Vorstellung, die Gesellschaft nach dem Maßstab eines neoliberal verkürzten Verständnisses von Freiheit neu zu konfigurieren. Der Staat sollte als Faktor sozialer Umverteilung von oben nach unten so weit als möglich ausgeschaltet werden. Mit dem Online-Bezahldienst *PayPal* wollte er eine von staatlichen Banken unabhängige Weltwährung schaffen. In einem Gespräch, das das Magazin *Reason* am Rande einer dem Thema Singularität gewidmeten Konferenz mit ihm führte, erläuterte er das politische Ziel, das er mit seiner Investition in *PayPal* verfolgte: »Ich würde nicht sagen, dass es die ganze Welt verändert hat, aber ich denke Technologien wie *PayPal*

317 Im Gespräch mit: FAZ, 7.9.2009. Selbst faschistische Gemeinschaften und Kannibalismus sind für Friedman legitim, solange jeder Mensch sich aussuchen kann, wo er leben will. Gegenüber Zeit online (29.5.2008) sagte er: »Wenn wir den Staaten vorschreiben würden, an welche Menschenrechte sie sich zu halten haben, wäre das Experiment sinnlos.«

318 FAZ, 10.9.2009.

haben in den vergangenen Jahrzehnten einen großen Beitrag dazu geleistet, den Nationalstaat zu schwächen. Länder sind wettbewerbsorientierter geworden. Sie können Währungen nicht mehr einfach abwerten.«[319] Im Gespräch, dass er mit dem französischen Philosophen Pierre Manent für das *Philosophie Magazin* führte, sagte Thiel: »In den USA ist der Staat immer weniger effizient geworden, je wichtiger er geworden ist. Wir sehen die Fähigkeit der Staaten, große Dinge zu verwirklichen, dahinschwinden. Aber es gelingt uns nicht, uns vorzustellen, was an ihre Stelle treten könnte. Was mich am Libertarismus interessiert, ist diese Idee, dass man der Politik entkommen kann.«[320] Er fordert daher, »dass die Leute ermächtigt sein müssen ›auszusteigen‹. Wenn die Bürger meinen, dass sie in Frankreich zu hoch besteuert werden, können sie nach England gehen. Ich würde den Wert des Ausstiegs nicht unterschätzen.«[321]

Thiel und Patri Friedman sollen sich bei einem Abendessen kennengelernt haben, das von Leuten arrangiert worden war, die für Thiels milliardenschweren Hedgefonds *Clarium Capital* arbeiteten und Fans von Friedmans Internetblog waren.[322] Man habe damals bei *Clarium Capital* über Konzepte diskutiert, wie man größere Freiräume für Menschen schaffen könne. In Wirklichkeit geht es um Freiräume für das Kapital. Ajay Royan und Joe Lonsdale sind in leitenden Funktionen sowohl bei *Clarium Capital* als auch beim *Seasteading Institute* tätig. George Packers Bericht über eine Dinnerparty Peter Thiels in seiner Villa am Yachthafen von San Francisco lässt erahnen, wie eng Investoren, High-Tech-Unternehmer, libertäre Ideologen und transhumanisti-

319 Reason am 1. Mai 2008.

320 In: Philosophie Magazin, Heft 1/2015, Dezember/Januar, S. 37

321 Ebd. Ähnlich scheint auch Balaji Srinivasan zu denken. Der Mitgründer der auf genetische Testverfahren spezialisierten Biotechfirma *Counsyl* propagiert den Ausstieg des Silicon Valley aus dem herkömmlichen staatlichen Ordnungsrahmen. Srinivasan, der auch Vorlesungen an der Universität Stanford hält, schlug vor, außerhalb der USA eine Gesellschaft aufzubauen, die auf der Grundlage von Technologie funktioniert, berichtete das *New York-Magazine* (21.10.2013).

322 Das geht aus einem Bericht des Magazins *Reason* hervor (28.4.2008).

sche Visionäre im kalifornischen Milieu der Superreichen miteinander verbandelt sind: »David Sacks war da, Thiels Freund aus Stanford- und *PayPal*-Zeiten, Co-Autor von *The Diversity Myth* und Gründer der Firma *Yammer*, eines sozialen Netzwerks für Organisationen. Auch Luke Nosek war da, ein weiterer *PayPal*-Mafioso, der den Biotechnologiebereich beim *Founders Fund* leitete und Mitglied der *Alcor-Stiftung* für Lebensverlängerung war, einer gemeinnützigen Organisation zur Förderung der Kyronikforschung. Er war registriert, seinen Körper im Fall seines offiziellen Todes mit Flüssigstickstoff füllen zu lassen, um ihn nach der Erfindung der entsprechenden Technologien wiederbeleben zu lassen. Der mit Künstlicher Intelligenz befasste Forscher Elizer Yudkowsky war da, der das *Singularity Institute* mitgegründet hatte. Er hatte die Schule in der achten Klasse geschmissen und war ein reiner Autodidakt, der unter anderem online eine tausend Seiten lange Fan-Fiction unter dem Titel *Harry Potter und die Methoden der Rationalität* veröffentlicht hatte, in dem die Geschichte von Harrys Zauberkünsten einer wissenschaftlichen Überprüfung unterzogen wurde. Auch Patri Friedman, der Gründer des *Seasteading Institute*, war gekommen. Sein Auftreten war elfenhaft und exzentrisch, mit seinem kurzen schwarzen Haar und dem schmalen Bärtchen sah er aus wie Raskolnikoff. Er wohnte in Mountain View in einer ›Gesinnungsgemeinschaft‹ von libertären Anhängern der freien Liebe, über die er in einem Blog und bei *Twitter* berichtete: Parallele zwischen Polyamorie/konkurrenzbasiertem Staat: größere Auswahl/Konkurrenz führt zu größeren Herausforderungen, Veränderung, Wachstum. Übrig bleibt das, was stärker ist.«[323] Über das Projekt schwimmender Inselstaaten sagte Peter Thiel: »Viele Leute glauben, das geht alles nicht. Gut so. Sollen sie das denken. Denn so nehmen sie uns nicht ernst. Und deshalb werden sie uns auch nicht aufhalten.«[324]

323 Packer, a. a. O., S. 464 f

324 Zit. nach: B. Z., 18.8.2011.

12.
Eric Schmidt for President

Oder: Die Ablösung der Demokratie durch Technologie

Wer der Auffassung ist, dass sich alle Probleme durch technologische Innovationen lösen lassen, ist in der Gefahr, sich mit jenen Mächten zu verbünden, welche die vermeintlichen technischen Allheilmittel bereitzustellen versprechen. So ist es Justine Tunney ergangen. Als Aktivistin von *Occupy Wall Street* hatte die Software-Ingenieurin noch vor wenigen Jahren gegen die Macht der Banken und Großkonzerne mobilisiert und war dafür in den USA zu einer gewissen Prominenz gelangt. Als Mitarbeiterin von *Google* sprach sie sich zu Beginn des Jahres 2014 für viele überraschend dafür aus, Eric Schmidt, dem Verwaltungsratschef ihres Unternehmens, das höchste politische Amt der USA anzutragen. Sie forderte dazu auf, ein Referendum anzustrengen, um Barack Obama und seine Regierungsbeamten bei voller Pension in den Ruhestand zu schicken und dem *Google*-Wortführer die Macht zu übertragen. Tunney, so berichtete die *FAZ* (29.3.2014), sieht das Silicon Valley als Vorbild für eine »postkapitalistische« Welt. Für sie ist *Google* eine »wohltätige Firma«, die vor allem ein Projekt energisch und zielstrebig verfolge: die Weltverbesserung. Offensichtlich hängt sie dem in der Technologiebranche verbreiteten Glauben an, dass es sich bei der Politik um ein Hindernis handelt, das es zu überwinden oder zu umgehen gilt, um ihre vermeintlich allein auf das Wohl der Menschheit gerichteten Projekte zu realisieren.

Tunneys Denkweise ist typisch für die technischen Fachkräfte im Silicon Valley.[325] »Wer die Gesellschaft verändern will, wird Programmierer, sehr im Unterschied zu Deutschland, wo gesellschaftlich engagierte Menschen lieber in die Politik gehen.«[326] In den Führungsetagen von *Google*, *Facebook*, *Amazon* und Co. ist man überzeugt, dass diese Unternehmen besser dazu geeignet sind, soziale Probleme zu lösen, als die herkömmlichen politischen Akteure. Sie wähnen sich in der Rolle derjenigen, die dafür die geeigneten Werkzeuge zur Verfügung stellen. »Nur durch Technik, welche Leistung und Kosten um ganze Größenordnungen verbessert, können wir die Probleme der heutigen Gesellschaft – wie Armut, Krankheit und Umweltverschmutzung – lösen«,[327] schreibt Ray Kurzweil.

Mit Hilfe der richtigen Algorithmen und Sensoren, die mit dem Internet verbunden sind, glauben die Unternehmer aus dem Silicon Valley praktisch auf jedem Gebiet schon bald rasante Fortschritte erreichen zu können.[328] Sie hängen dem Glauben an, mittels »smarter« Produkte nicht nur technische, sondern auch gesellschaftliche Probleme und Konflikte lösen zu können, sagt Daniel Leisegang. Der Redak-

---

325 In den Führungsetagen der Internetkonzerne ist man so überzeugt von der Potenz der entwickelten Technologien, dass auch die im herkömmlichen Sinne betriebene Politik für hoffnungslos veraltet und daher überflüssig gehalten wird. Es überrascht auch nicht, dass dem Thema Technologie eines von drei Kapiteln einer unter dem Titel *Politics. Ideas in Profile* (London 2014) erschienenen Einführung in die Politik gewidmet ist. Die Entwicklungsgeschwindigkeit lasse Regierungen langsam erscheinen, so ihr Autor, der britische Sozialwissenschaftler David Runciman. Politische Ideen muteten zahm an, verglichen mit den großen Ideen aus der High-Tech-Industrie, zu denen intelligente Roboter und Computerimplantate im Gehirn gehörten.

326 Keese, a. a. O., S. 27

327 Kurzweil, a. a. O., S. 381 f

328 Die durch Big Data erreichbaren Erfolge dürften sie in diesem Gedanken bestärken. »Eine von der amerikanischen Armee finanzierte MIT-Studie hat schon gezeigt, dass allein die Auswertung von Bewegungsdaten, die Beschleunigungssensoren und Bluetooth in handelsüblichen Telefonen bieten, Epidemien verhindern könnten. Die Telefone informieren nämlich über Verhaltensauffälligkeiten, die etwas mit Krankheit zu tun haben könnten, noch bevor die Betroffenen registrieren, was mit ihnen los ist.« (FAZ, 31.7.2014)

teur der *Blätter für deutsche und internationale Politik* führt fort: »Sie denken, sie seien in der Lage, die Probleme der Menschen zu erkennen, noch bevor diese selbst dazu in der Lage sind, und ihnen dann dafür die technischen Lösungen zur Verfügung zu stellen: von Antworten auf Suchanfragen, die noch gar nicht gestellt worden sind, über selbstfahrende Autos bis hin zu lebensverlängernden Maßnahmen. So will *Google* die DNA entschlüsseln und damit zur Weltgesundheit beitragen. Letztendlich geht es darum, die Hindernisse des Lebens und alles, was in einer Gesellschaft an sozialen Konflikten vorhanden ist, mit Hilfe der Technologie zu lösen. Diese Ideologie hat ihre Wurzeln im Silicon Valley. *Amazon* ist zwar in Seattle beheimatet, aber zweifellos ebenso davon eingenommen. Daraus erklärt sich auch eine gewisse Arroganz gegenüber den traditionellen Verfahren und Institutionen bis hin zur Demokratie. Man glaubt, diese Demokratie nicht mehr zu benötigen, sondern nur noch bestimmte Algorithmen in Gang setzen zu müssen, die versprechen, Probleme viel besser und effizienter zu lösen.«[329] Fragen nach gesellschaftlichen Ursachen für Konflikte, nach Interessen oder Klassen können in dieser Perspektive nur noch schwer artikuliert werden. Am Horizont zeichnet sich eine Zukunft ab, in der Politik vollständig durch sozialtechnologische Maßnahmen ersetzt worden ist.

Soziale Physik: Staatslenkung mittels Big Data

Voraussetzung dafür wäre die flächendeckende Bestückung der Oberfläche des Planeten mit Sensoren, wie sie in den Konzernzentralen von *Google* und Co. ausgeheckt wurde und mit großen Schritten vorangetrieben wird. Mit intelligenten Kühlschränken, kommunizierenden Fernsehern, Smartphones, selbstfahrenden Autos, sogenannten Wearables, die Körperfunktionen messen, und vielen anderen Gerätschaften baut die Hightechindustrie den Menschen ein Lebensumfeld, in

329 »Man glaubt, die Demokratie nicht mehr zu benötigen.« Gespräch mit Daniel Leisegang. Über 20 Jahre Amazon, die Ideologie des Silicon Valley und Strategien zur Rettung der Meinungsvielfalt, in: junge Welt, 2.8.2014, Wochenendbeilage, S. 1

dem schon sehr bald buchstäblich jede ihrer Bewegungen aufgezeichnet und von Algorithmen im Interesse von Konzernen, Geheimdiensten, Militär und Regierungen ausgewertet werden kann.

Das dürfte in Zukunft so manchen Forscher in Versuchung führen, seine Dienste den genannten Institutionen zur Verfügung zu stellen. Eine neue Ära manipulativer Sozialtechnologie steht vor der Tür. Einer ihrer Vorreiter ist Alex Pentland, der Direktor des *Human Dynamics Laboratory* am *Massachusetts Institute of Technology*. Der 1952 geborene Psychologe und Computerwissenschaftler ist ein Technokrat des Internetzeitalters. Er will die enormen Datenmengen, die schon heute über das menschliche Verhalten gesammelt werden, für die gezielte Steuerung der Bevölkerung nutzbar machen. »Wir versuchen, das menschliche Miteinander zu verbessern. Wir gehen in Firmen und Organisationen und analysieren die Kommunikationsmuster«,[330] sagte Pentland gegenüber dem *Spiegel*: »Um eine bessere Gesellschaft zu schaffen, brauchen wir ein vollständiges Bild sozialer Interaktionen. Und dafür hatten wir bis vor Kurzem weder die nötigen Daten noch die Mathematik, um diese zu analysieren. Erst dank Big Data können wir jetzt genau erfassen, wer wann wo und mit wem kommuniziert.«[331] Diese Informationen gelte es zu nutzen, denn »die Lösung all der großen Probleme – egal ob es um die globale Erwärmung, um die Bewältigung des Verkehrs oder um neue Seuchen geht – hängt davon ab, dass wir bereit sind, unsere Daten miteinander zu teilen.«[332]

Die von ihm dazu entwickelten Methoden erläutert er in seinem Buch *Social Physics. How good Ideas spread. The Lessons from a new Science* (2014), für das er auch auf seine praktische Erfahrung als einer der Leiter des *Big-Data-Forums* des Weltwirtschaftsforums zurückgreift. »Soziale Physik« nennt Pentland seine Theorie in Anlehnung an die Naturwissenschaft. Während es in der Physik um die Verwandlung von Energie in Bewegung geht, interessiert ihn die Frage, wie die Über-

330 Alex Pentland im Gespräch: »Wow, das macht Spaß«, in: Der Spiegel, 21/2014, S. 101

331 Ebd., S. 102

332 Ebd., S. 104

mittlung von Informationen zu Verhaltensänderungen führt. Er will erklären, wie Mechanismen sozialen Lernens, darunter versteht er vor allem die Nachahmung, dazu beitragen, dass Ideen von einem Menschen auf einen anderen übertragen werden. Durch die Auswertung von Daten, die zum Beispiel bei Anrufen von Mobilfunkgeräten, dem Gebrauch von Kreditkarten, der Nutzung von »sozialen Medien« sowie bei GPS-Ortungen anfallen, will er die Produktivität kleiner Gruppen, von Abteilungen großer Unternehmen und selbst die von ganzen Städten vorhersagen. »In einem unserer Projekte«, so Pentland, »untersuchen wir zum Beispiel junge Familien. Als Erstes geben wir ihnen nagelneue Handys mit einer Software, die alles erfasst: mit wem sie sprechen, wohin sie gehen, was sie auf *Facebook* tun. Alles anonymisiert, wohlgemerkt. Außerdem werten wir Kreditkartendaten aus, und wir befragen die Familien. So bekommen wir ein Bild ihrer Kommunikation quer durch alle Medien und wie diese Medien ihre Gedanken und Gefühle beeinflussen.«[333] Auf Grundlage solcher Untersuchungen sollen die Normen in den menschlichen Kommunikations- und Beziehungsnetzen so gesteuert werden, dass die Kreativität in den genannten Bereichen zunimmt und die Produktivität von Unternehmen gesteigert wird. Für das Projekt *Data for Develoment* wurden Pentland und seinem Forscherteam 2013 die anonymisierten Telefondaten der Elfenbeinküste zugänglich gemacht. Mit ihrer Hilfe wurden ethnische Grenzen kartiert, um sozialen Spannungen vorzubeugen. Weitere Ziele waren die Entwicklung von Vorbeugemaßnahmen gegen die Verbreitung von Grippe, Malaria und Aids sowie die Verkürzung von Pendlerfahrzeiten in der Hauptstadt Abidjan.[334]

---

333 Ebd., S. 103

334 Für das 2007 durchgeführte Projekt *Badge Dataset* wurden 23 Angestellte einer IT-Firma aus Chicago einen Monat lang mit Hilfe von Mikrofonen und Sensoren überwacht, die sie bei sich trugen. Protokolliert wurden die Lautstärke ihrer Gespräche, ihre Bewegungen und ihre Körperhaltung, um auf so auch die nonverbale Kommunikation zu erfassen. 2010 und 2011 wurden für das Projekt *Friends and Familiy* 85 Teilnehmer aus mehreren Dutzend Familien 18 Monate lang beobachtet, ihre Kreditkartendaten erfasst und Familienmitglieder befragt, um festzustellen, wie sich Einkommen, soziale Beziehungen und die Wohnsituation auf Alltagsentscheidungen auswirken.

Seine Arbeit vergleicht Pentland mit jener der ersten Linsenmacher. Diese hätten den Bau von Mikroskopen und Teleskopen ermöglicht, mit deren Hilfe die Menschheit zuvor nie bekannte Einblicke in den Kosmos und den Mikrokosmos bekommen habe. »Big Data ist heute für die Erkundung des Sozialverhaltens das, was das Mikroskop für die Erkundung der Bakterienwelt war«[335], so Pentland. Die von ihm bereitgestellten Mittel ermöglichten nun die Herstellung von »Sozioskopen«, das heißt von Werkzeugen, mit denen das menschliche Zusammenleben erstmals in seiner ganzen Komplexität erfasst und analysiert werden könne. Durch die neue Technologie werde es möglich, die Gesellschaft gleichsam mit dem Auge Gottes zu betrachten, dem bekanntlich kein Detail entgeht. Pentland geht es um anwendungsbezogene Forschung. Die Ergebnisse sollen zu konkreten Verbesserungen führen. »Je weiter die Wissenschaft voranschreitet und je besser wir menschliches Verhalten verstehen, desto mehr fragt sich, ob uns das nicht verpflichtet auch zu handeln.«[336] Verhaltensänderungen werden auf manipulativem Wege herbeigeführt.

Pentland verwendet das Wort Produktivität so häufig, dass schon allein daran deutlich wird, dass es ihm nicht um Emanzipation geht, sondern um die Steigerung privatwirtschaftlichen Profits. Für ihn sind Gesellschaften aus Netzwerken kommunizierender Individuen zusammengesetzt. Märkte oder Klassen, so meint er, seien von nachrangiger Bedeutung. Über Eigentumsverhältnisse schweigt er sich gänzlich aus. Sein Gesellschaftsbegriff ist daher für die Analyse grundlegender sozialer Konflikte nicht geeignet. Seine »soziale Physik« reduziert menschliches Verhalten auf Muster, die dem Reiz- und Reaktionsschema nachgebildet sind. Ihr geht es um Herrschaftswissen. Im Mittelpunkt steht die Frage, wie Menschen am effektivsten manipuliert werden können, um bestimmte Ziele zu erreichen. Das erläutert Pentland an einem Beispiel: »Wenn ich ihr Verhalten ändern will, dann kann ich ihnen dafür Geld versprechen. Alternativ kann ich aber auch Ihrem Kollegen Geld versprechen, wenn es ihm gelingen sollte, auf Sie ein-

---

335 Alex Pentland im Gespräch, a. a. O., S. 102

336 Ebd., S. 104

zuwirken. Das wird ihn zwingen, mit Ihnen zu reden. Und wenn ich ein ganzes Netz wechselseitiger Belohnungen schaffe, dann werden alle miteinander reden und sagen: ›Hey, wir müssen einen Weg finden, wie wir alle unser Verhalten ändern, damit wir die Belohnungen kriegen.‹«[337] Die Praxis der »sozialen Physik« heißt soziale Kontrolle und politische Unterdrückung. Die von Pentland »Reality Mining« genannte Auswertung digitaler Daten soll sich auch für die Vorhersage von Finanzblasen und sogar von Revolutionen eignen. Ereignisse wie den »arabischen Frühling« hält er durch die Auswertung von entsprechend großen Datensätzen künftig für prognostizierbar. Und er glaubt, dass sie entweder durch rechtzeitig eingesetzte Maßnahmen der Aufstandsbekämpfung eingedämmt oder durch geeignete verdeckte Aktionen beschleunigt werden können. Dabei kennzeichnet Pentlands Theorie ansonsten eine Blindheit für den grundlegend geschichtlichen Charakter sozialer und politischer Strukturen. Big-Data-Analysen können menschliche Verhaltensmuster mit Hilfe von mathematischen Methoden identifizieren. Sie helfen jedoch nicht zu einem Verständnis, wie sich solche Verhaltensweisen, soziale Normen und die diesen zugrunde liegenden Klassenwidersprüche historisch herausgebildet haben. »Soziale Physik« macht Eigentums- und Herrschaftsverhältnisse unsichtbar. Eine fundamentale Veränderung der Gesellschaft liegt deshalb außerhalb des Horizonts von Pentlands Theorie. Insofern ist sie ganz gegenwärtig.

Exkurs 4
Teile und herrsche: Wie High-Tech-Unternehmer Kalifornien neu ordnen wollen

Der Finanzinvestor Timothy Cook Draper unterbreitete 2014 einen radikalen Vorschlag zur Reform der föderalen Ordnung der USA, bei dem offensichtlich die Interessen der High-Tech-Konzerne des Silicon Valley im Mittelpunkt stehen. In seiner Initiative *Six Californias* geht

337 Ebd., S. 102

es um nichts Geringeres als die Zerschlagung der politischen Einheit Kaliforniens und die Neugründung sechs kleinerer, unabhängiger Bundesstaaten: Jefferson, North California, Central California, West California, South California und Silicon Valley. Diese sollen jeweils eine eigene Hauptstadt, eine unabhängige Gesetzgebung, ein eigenes Parlament sowie eine eigene Verfassung erhalten und mit je zwei Senatoren in der Bundeshauptstadt Washington vertreten sein. Offensichtlich geht es darum, die politischen Einheiten so einzuteilen, dass vor allem die Konzerne des Silicon Valley davon profitieren.

Draper wirft dem Staat vor, auf den wichtigsten Politikfeldern zu versagen: dem Arbeitsmarkt, den Bildungseinrichtungen, dem Wohnungsmarkt sowie bei der Wasserversorgung und der Verkehrspolitik. Er und seine Unterstützer argumentieren zudem, dass die gewählten Vertreter kleinerer Regierungen volksnäher agieren könnten. Das Volk darf in diesem Fall getrost mit der Wirtschaft gleichgesetzt werden. »Hätte Draper Erfolg, wäre das Silicon Valley zusammen mit San Francisco ein eigener Mini-Bundesstaat. Der mit Abstand reichste in den USA. Klar, wer dort das Sagen hätte: die Tech-Industrie. Es ist typisches Valley-Denken«, urteilte *Die Zeit* (7.8.2014).

Draper ist als Mitgründer und ausführender Direktor der Risikokapitalfirma *Draper Fisher Jurvetson* durch das Silicon Valley reich geworden. Die Firma investierte in Unternehmen wie *Hotmail*, *Baidu*, *Tesla Motors* und *Skype*. Der 1958 geborene Elektroingenieur hatte in Stanford studiert. Er stammt aus einer Unternehmerfamilie.

Anfang 2014 erteilte ihm Kaliforniens Regierung die Genehmigung, Unterschriften für eine Volksabstimmung zu sammeln, die im November 2016 stattfinden würde. Mitte Juli 2014 teilte Draper der Zeitung *USA Today* mit, 1,3 Millionen Unterschriften erhalten zu haben. Erforderlich gewesen wären 808.000. Erfolg wird die Initiative zur Zerschlagung Kaliforniens vermutlich dennoch nicht haben. Denn selbst wenn das Ergebnis der Abstimmung in Drapers Sinne ausfallen sollte, müssten noch zwei weitere Hürden genommen werden. Zum einen müsste die Legislative des kalifornischen Bundesstaates zustimmen, zum anderen der Kongress der USA. Abgesehen von einigen Anhängern der rechtspopulistischen und extrem neoliberalen Tea-

Party-Bewegung dürfte selbst bei den Abgeordneten der Republikaner mehrheitlich kein Interesse an der Zersplitterung von Kalifornien bestehen.

Weniger radikal und deshalb erfolgsträchtiger mutet ein Vorschlag zur vermeintlichen Rettung Kaliforniens an, der vom Think-Tank *Long Committee for California* entwickelt wurde. Ganz vorne mit im Boot sitzt Eric Schmidt. Der Verwaltungsratschef von *Google* versucht als Mitglied des 2010 gegründeten und von dem Milliardär Nicolas Berggruen »mit einem Startkapital von 20 Millionen Dollar für die erforderlichen politischen Kampagnen zum Strukturwandel«[338] ausgestatteten Ideenschmiede das politische System des US-Bundesstaats grundlegend zu verändern. Anvisiert werden »die Schaffung gutbezahlter Arbeitsplätze in innovativen Branchen wie der Biotechnologie, der Informationstechnologie und bei alternativen Energien«, erläuterte Berggruen in seinem 2013 gemeinsam mit Nathan Gardels publizierten Buch *Klug regieren. Politik für das 21. Jahrhundert* zur Zielsetzung des von dem Komitee im November 2011 veröffentlichten Entwurfs zur Erneuerung Kaliforniens. Dem Komitee gehören neben Eric Schmidt auch die ehemaligen US-Außenminister George Shultz und Condoleezza Rice sowie der ehemalige Geschäftsführer von *Yahoo-* und *Warner-Bros.*, Terry Semel, und weitere Angehörige der politischen und ökonomischen Elite an.

Sie schlagen vor, auf staatlicher Ebene ein von den Parteien unabhängiges Aufsichtsgremium zu schaffen, das »aus angesehenen Bürgern mit Fachwissen und Erfahrung in kalifornischen Angelegenheiten«[339] besteht und dazu befugt ist, »seine Vorschläge direkt öffentlich in Form von Volksentscheiden zur Abstimmung zu bringen«.[340] Neun Mitglieder des dreizehnköpfigen Rats sollen vom Gouverneur, vier von der Legislative bestimmt werden. Zum parteiübergreifenden Plan gehört zudem der Vorschlag, die politische Macht zu dezentralisieren.

---

338 Nicolas Berggruen / Nathan Gardels: Klug regieren. Politik für das 21. Jahrhundert, Freiburg / Basel / Wien 2013, S. 163

339 Ebd., S. 166

340 Ebd.

Entscheidungsbefugnisse sollen »vom Regierungssitz in Sacramento auf Kommunen und Regionen übergehen, damit die Regierung näher an der Wirtschaft« ist. Die Bezirke sollen Sonderbefreiungen von staatlichen Vorschriften erwirken können, um vor Ort entwickelte strategische Aktionspläne flexibel umzusetzen. Das ist ganz im Interesse der High-Tech-Industrie. Es muss daher nicht überraschen, dass die Treffen des Komitees regelmäßig in der Zentrale des *Google*-Konzerns in Mountain View stattfinden.

13.
Kalifornische Ideologie an der Spree

Google baut sich einen Brückenkopf in Berlin

Dass die von der Singularitätsbewegung verbreiteten Visionen einer technologisch ermöglichten Unsterblichkeit und einer nahenden Computerherrschaft in Deutschland noch auf vergleichsweise wenig Resonanz in Unternehmer- und Investorenkreisen stoßen, hat wahrscheinlich eine Menge mit dem Rückstand der hiesigen Internetökonomie hinter dem Silicon Valley zu tun. »Die Start-up-Kultur ist nicht sehr weit entwickelt«, sagte der bereits erwähnte Autor Hal R. Varian.[341] Mittlerweile ist er Chefökonom von *Google* und bemüht sich nach Kräften, diese Start-up-Ideologie nach Europa zu exportieren: »Wir haben einen Venture-Capital-Fund in Höhe von 100 Millionen Dollar aufgesetzt, mit dem wir in europäische Unternehmen investieren wollen. Wir gucken uns an, was in Berlin geschieht oder in anderen europäischen Städten. Dabei kann es um alle möglichen großartigen Ideen oder Technologien gehen«,[342] so Varian. Eine Millionen Euro steuerte der Konzern beispielsweise zur Finanzierung des Berliner Gründerzentrums *Factory* bei »und ist auch mit den meisten Start-up-Firmen, die Büroräume der *Factory* angemietet haben, auf die eine oder andere Weise verbandelt.«[343] Auf 16.000

341 Im Gespräch mit: Frankfurter Allgemeine Sonntagszeitung, 25.8.2014

342 Ebd.

343 FAZ, 13.6.2014

Quadratmetern Bürofläche sollen dort bald 500 bis 600 Personen in den drei Gebäuden arbeiten.[344] Am 11. Juni 2014 kam Eric Schmidt höchstpersönlich aus dem sonnigen Kalifornien angereist, um anlässlich der Eröffnung des bereits im Juni 2012 in Betrieb genommen Start-up-Campus in Anwesenheit des Regierenden Bürgermeisters Klaus Wowereit eine Rede zu halten. Darin forderte er »eine progressivere und unbürokratischere Gesetzgebung, um attraktive Bedingungen für Unternehmensgründungen zu schaffen« (ebd.). Neben Büroräumen bieten die Betreiber den Start-ups juristische und finanzielle Beratung an. Die Experten werden unter anderem von *Google* gestellt.

Der Faktor zehn

Der Suchmaschinenbetreiber und das Berliner Gründerzentrum waren bereits am 20. Juni 2013 öffentlich in Erscheinung getreten, als sie gemeinsam mit der *Deutschen Bank* und dem Erdölkonzern *Shell* unter der Devise: »Du kannst die Zukunft mitgestalten!« den Wettbewerb *Berlin Innovation ConSensus* starteten. Alle interessierten Bürger waren aufgefordert, innovative Ideen für die Zeit nach dem Öl, für die Revolutionierung des Bildungssystems, für die Zukunft der Arbeit und des digitalen Marktes sowie für die Strukturierung der Finanzwelt beizusteuern.

»Nur wer groß und mutig denkt, kann auch große Probleme lösen.« Es gehe nicht darum, Dinge um zehn Prozent zu verbessern, sondern um den Faktor zehn, zitierte Wieland Holfelder, Entwick-

344 Simon Schaefer und Udo Schloemer von der Investmentfirma *JMES* sind die Betreiber des Komplexes, der sich direkt am ehemaligen Grenzstreifen an der Bernauer Straße befindet. Im Gründerzentrum sollen sich die dort angesiedelten Unternehmen austauschen. Schon jetzt planen die Betreiber die Expansion ihres Startup-Campus. Schaefer sagte gegenüber der Berliner Zeitung: »Wir haben Interessenten für über 80000 Quadratmeter Bürofläche, könnten also locker fünf dieser Campusse [sic] bauen und wären noch nicht ausgebucht« (11.6.2014).

lungschef von *Google Deutschland*, den Mitgründer des Weltkonzerns Larry Page. Die Vorschläge wurden über die Website innovation-consensus.de eingesammelt. Zehn von ihnen wurden Ende August 2013 von 30 sogenannten Vordenkern aus Konzernen, mittelständischer Wirtschaft, Start-Ups und Wissenschaft als »ConSensus« ausgewählt und am 1. September 2013 an die Staatssekretärin im Bundesministerium für Wirtschaft und Technologie, Anne Ruth Herkes, übergeben.

In diesem Zusammenhang kündigten die *Factory*, die *Deutsche Bank Berlin*, *Osborne & Partners*, *jovoto.de* sowie das *Alexander von Humboldt-Institut* für Internet und Gesellschaft (HIIG)[345] eine gemeinsame Initiative an, um die Gründung und Finanzierung von Start-Ups zu verbessern. Auch das 2011 eröffnete *An-Institut* der Humboldt-Universität (HU) ist Teil eines umfassenden Bemühens um politische Einflussnahme durch den *Google*-Konzern, das man als »strategisches Sponsoring«[346] bezeichnen kann. Die schon 2010 von *Google Deutschland* ins Leben gerufenen Denkfabrik *Internet & Gesellschaft Collaboratory* (CoLab) sucht den direkten Kontakt zu Vertretern aus Politik und Verwaltung. »Über Förderprogramme, allen voran *Google for Entrepreneurs* und *Google Ventures*, betreibt der Konzern eine geschickte Investitionspolitik, indem er eine Vielzahl unterschiedlicher Projekte finanziert, deren Querverbindungen bisweilen verdeckt sind. So kolonisiert *Google* sozioökonomische Strukturen«, schreibt die Wochenzeitung *der Freitag*. Und der Literaturwissenschaftler Roland Reuss hält fest: »Mit Gesine Schwan im Aufsichtsrat zieht *Google* an der Humboldt-Universität in Berlin ein Institut groß, das für den Konzern ein Brückenkopf ist, um auf die Berliner Politik mehr Einfluss auszuüben.«[347]

---

345 Das *Alexander von Humboldt-Institut* für Internet und Gesellschaft (HIIG) zielt »auf übergreifende Kooperationen zwischen Forschern, Politikern, der Zivilgesellschaft und der Privatwirtschaft«, heißt es in dem *An-Institut* der Humboldt-Universität (HU).

346 der Freitag, 27.6.2014

347 So Roland Reuss im Gespräch mit dem Autor (vgl. junge Welt, Literaturbeilage, 9.10.2013)

Wer die Zeche zahlt: Das Humboldt-Institut für Internet und Gesellschaft

Und den lässt sich der Konzern etwas kosten. *Google* steckte eine Anschubfinanzierung in Höhe von 4,5 Millionen Euro in die Einrichtung des *Humboldt-Instituts für Internet und Gesellschaft* und will von 2014 bis 2016 die gleiche Summe nachschießen. Über eine Anschlussfinanzierung bis 2019 werden Gespräche geführt. Daneben gibt es weitere Geldgeber.[348] Das Institut beschäftigt etwa 40 Mitarbeiter, darunter zwölf Doktoranden. Im Kuratorium, dem Aufsichtsgremium, erhielt *Google* einen von acht Sitzen. Angestrebt wird die internationale Vernetzung des HIIG mit vergleichbaren Einrichtungen wie dem *Oxford Internet Institute*, dem *Berkman Center* an der Harvard-Universität oder dem *MIT Media Lab.*[349] Zu den Forschungsgegenständen des HIIG gehören der Datenschutz im Bereich des »Internets der Dinge«, die Regelsetzung in sogenannten sozialen Netzwerken oder das Crowdsourcing, also die Übertragung von Arbeitsschritten auf freiwillige Helfer im Internet. Ein die verschiedenen Bereiche des Instituts übergreifendes Forschungsprojekt ist die Onlinepartizipation.

Das *Humboldt-Institut für Internet und Gesellschaft* füllt eine Lücke, die das öffentlich geförderte deutsche Wissenschaftssystem gelassen hat: Bis dato fehlte eine zentrale Stelle für die Erforschung der sozialen Auswirkungen der Kommunikation im Internet. Durch die Bereitstellung entsprechender Foren nimmt es zudem Einfluss auf die

---

348 »Mit 450.000 Euro unterstützt das Bundesforschungsministerium ein Projekt zur Sicherheit von Netzen und Daten, bei dem das HIIG unter anderem mit der Hochschule der Polizei in Münster kooperiert. Auch kleinere Sponsoren werden mit offenen Armen empfangen wie die Beratungsfirma *KPMG*, die eine Doktorandenstelle zahlt.« (Der Tagesspiegel, 16.12.2013)

349 Auch bei diesen Forschungseinrichtungen hat *Google* auf die eine oder andere Weise seine Finger mit im Spiel. Zu den zahlreichen Sponsoren des *Berkman Centers* gehört *Google*, und das schwerpunktmäßig mit der Kommunikation von Mensch und Computern befasste *MIT Media Lab* entwickelte Ideen, die später durch *Google Street Map* realisiert wurden.

Debatten, die hierzulande über das Netz geführt werden.[350] Offensichtlich geht es dem Konzern darum, bei allem, was über das Verhältnis von Internet und Gesellschaft in Deutschland gedacht und getan wird, die Finger mit im Spiel zu haben. Da von staatlicher Seite keine Anstalten gemacht werden, für eine dem Gemeinwohl verpflichtete und gegenüber den Hightech-Konzernen kritische Internetforschung die nötige Infrastruktur bereitzustellen, hat *Google* dafür gute Karten.[351]

350 Bspw. lädt es monatlich zu einer Veranstaltung mit dem Titel *Digitaler Salon* ein, um mit ausgewählten Gästen über die Auswirkungen der Digitalisierung auf die Gesellschaft zu diskutieren. Dies wird von *Deutschlandradio Wissen* aufgezeichnet. Zu den bisherigen Themen gehörten die Entwicklung des Hackens oder die Perspektiven der Onlinedemokratie. Unter den Diskutanten waren Christoph Dernabach (dpa), aber auch die Netzaktivistin Anke Domscheit-Berg sowie Frank Rieger und Constanze Kurz, beide vom *Chaos Computer Club*. Daneben organisiert das HIIG die *Berliner Gespräche zu Internet und Gesellschaft*, um Forscher in der Region Berlin zu vernetzen. In dem Kreis sollen gemeinsame Interessen artikuliert und Projekte entwickelt werden. Außerdem veranstaltet das Institut internationale Konferenzen.

351 Zumal die Parteien keine kritische Internet-Agenda verfolgen. Repräsentanten der SPD verspüren keine Berührungsängste, wenn es um *Google* und seine Lobbyaktivitäten geht. Knut Nevermann (SPD), Forschungsstaatssekretär beim Berliner Senator für Bildung, Wissenschaft und Kultur, erklärte, der Konzern habe selbstverständlich die Möglichkeit, »ein freies Institut zu finanzieren und seine wissenschaftliche Unabhängigkeit zu respektieren« (Heise / telepolis, 26.10.2011). Gesine Schwan (SPD) wiederum ließ es sich nicht nehmen, einen Sitz im Kuratorium des HIIG zu übernehmen. Der Literaturwissenschaftler Roland Reuss empörte sich im Gespräch mit *junge Welt* (Literaturbeilage vom 9.10.2013): »Gerade die Parteien, die kapitalistische Monopolbildungen immer kritisiert haben, arbeiten diesen Konzernen zu, als ob sie besinnungslos wären. Im Hinblick auf das Internet hätte doch gefragt werden müssen, wie diese Infrastruktur von den Menschen selbst und nicht von den Großkonzernen kontrolliert werden könnte. Aber darüber ist in den linken Parteien nie diskutiert worden.«

14.
Der Irrtum der Piraten

Demokratie ist kein Betriebssystem

Der hierzulande wohl glühendste Anhänger der Idee von der kommenden Roboterherrschaft ist seit 2011 in der Piratenpartei engagiert.[352] Es handelt sich um den Physiker Bernd Vowinkel, der bis 2010 am Physikalischen Institut der Universität Köln im Fachgebiet Radioastronomie tätig war. In seinem bereits 2006 veröffentlichten Buch *Maschinen mit Bewusstsein* zeigt sich der »Gründer« davon überzeugt, dass die Menschen schon bald die Möglichkeit erlangen, »mit der künstlichen Intelligenz bewusstes Leben zu schaffen, das uns in jeder Hinsicht überlegen ist«.[353] Auf lange Sicht und in kosmischen Dimensionen gedacht, stellt die künstliche Intelligenz für ihn die einzige Perspektive zur Rettung des Erbes der menschlichen Zivilisation dar, »eventuell sogar bis in alle Ewigkeit«. Zudem ist er in der *Giordano-Bruno-Stiftung* aktiv, zu deren drei Regionalgruppenvertretern er seit 2012 gehört. Die Ausrichtung der Stiftung lässt sich

352 Deren Arbeitsgruppe *Humanistischer Laizismus* rief er 2012 mit ins Leben. Auch Enno Park, ein Autor, der sich eher im linken Milieu beweg, hat eine Vortragstätigkeit in Sachen Singularität entfaltet. Der Vereinsvorsitzende des *Cyborg e.V.* gehört, wie man auf einem im Internet zugänglichen Video erkennt, nicht zu den ausgesprochenen Gegnern Kurzweils. Dessen Thesen werden referiert, eine tiefer gehende Kritik ist nicht zu erkennen.

353 Vowinkel, a.a.O., S. VIII

wiederum an ihrem Vorstandssprecher Michael Schmidt-Salomon festmachen. Der Talkshow-erprobte Publizist hält die von Kurzweil beschriebene »Verschmelzung biologischer und nichtbiologischer Intelligenz« für »eine realistische Einschätzung«[354]. Trotz des Leids, das »hochintelligente, aber empfindungslose Roboter« über die Welt bringen könnten, spricht er sich gegen einen restriktiven Umgang mit Technologien wie der Nanotechnik oder Robotik aus. Ansonsten würde sich die Menschheit »zentraler Instrumente zur Bekämpfung von Armut und Krankheit berauben«. Außerdem würden »Weiterentwicklungen auf diesen Gebieten dann im Geheimen, in Militärlaboren und Terrorcamps stattfinden«. Ähnlich wie Kurzweil mach sich auch Schmidt-Salomon weitreichende Gedanken über die Bestimmung des Menschen bzw. die seiner »potenziellen evolutionären Nachfolger« im Kosmos. Wenn sich die Bedingungen für biologische Existenzformen in unserem Sonnensystem verschlechterten, käme auf diese die Aufgabe zu, »das irdische Leben zu evakuieren und auf fremden Planeten neu anzusiedeln«. Was ihn an Kurzweil und seinen Anhängern stört, ist lediglich der religiöse Impetus, mit dem diese ihre Anliegen vortragen. Außerdem ist er davon überzeugt, dass »die Menschheit sich nicht nur in technologischer, sondern auch in ethisch-politischer Hinsicht weiterentwickeln« muss, »denn die Erweiterung der technologischen Möglichkeiten ist stets auch mit der Erhöhung des Risikos der Selbstzerstörung verbunden«. Dass die von Kurzweil und Vowinkel propagierte Technologische Singularität die Selbstzerstörung des Menschen nicht bloß in Kauf nimmt, sondern sogar beabsichtigt, ist ihm offenbar entgangen.

Schmidt-Salomons Mitstreiter Vowinkel ist nun eifrig darum bemüht, die Ideen Ray Kurzweils in Deutschland bekannt zu machen.[355] Ob er damit bei den Piraten erfolgreich war, ist nicht bekannt. Ein Berührungspunkt ist jedenfalls vorhanden: die Vorstellung, dass sich

---

354 Michael Schmidt-Salomon: Hoffnung Mensch. Eine bessere Welt ist möglich, München 2014, S. 311

355 Für dessen Buch *Das Geheimnis des menschlichen Denkens. Einblicke in das Reverse Engineering des Gehirns* (Berlin 2014) steuerte er das Vorwort bei.

die Welt vor allem durch bessere Technologie verbessern lasse. »Die Verbreitung weltweiter dezentraler Kommunikation durch Internet und Mobiltelefone hat sich als treibende Kraft der Demokratisierung erwiesen«,[356] gibt sich Kurzweil überzeugt: »Die Bewegung zu Demokratie und Kapitalismus, begleitet von wirtschaftlichem Wachstum, die die 1990er prägte, ist den beschleunigenden Kräften dieser Kommunikationstechniken zu verdanken.«[357]

Und auch mancher Piratenpolitiker meint, dass sich die Welt schon durch die Bereitstellung einer Software verbessern ließe, die es den Wählern erlaubt, sich permanent in den Meinungsbildungs- und Entscheidungsprozesse einzubringen. »Wir bieten kein Programm, sondern ein Betriebssystem«[358], sagte die frühere Piraten-Geschäftsführerin Marina Weisband. In keiner anderen Äußerung kommt das unter den Piraten verbreitete technologisch verkürzte Politikverständnis besser zum Ausdruck. Im Grundsatzprogramm der Partei[359] heißt es unter der Überschrift »Mehr Demokratie wagen«: »Die Piratenpartei sieht es als ihre Aufgabe an, die Anpassung der gelebten Demokratie in der Bundesrepublik an die neuen Möglichkeiten des 21. Jahrhunderts zu begleiten und zu gestalten.«[360] Mit Hilfe des Internets sollte sich die starre repräsentative Demokratie zu einem basisdemokratischen Debattierklub »verflüssigen«. *Liquid Democracy* hieß das Zauberwort, *LiquidFeedback* die von Berliner Piraten programmierte Software, mit der die technikbasierte Partizipation ihren Siegeszug antreten sollte. Der Umstand, dass auch die Enquetekommission *Internet und digitale Gesellschaft* auf die »neuartige Form der Teilhabe setzte«,[361] unterstreicht den gewissermaßen überparteilichen Charakter der verflüssigten Demokratie. Denn in ihr arbeiteten alle im Bundestag ver-

356 Kurzweil, a. a. O., S. 419

357 Ebd.

358 Zit. nach: Erhard Crome: Piratenpartei. Eine Alternative? Berlin 2013, S. 100

359 Stand 21. November 2010

360 Martin Häusler: Die Piratenpartei. Freiheit, die wir meinen. Neue Gesichter für die Politik, Berlin / München 2011, S. 129

361 In diesem Fall hieß die Software *Adhocracy*.

tretenen Parteien zusammen. Halina Wawzyniak, die netzpolitische Sprecherin der Bundestagsfraktion der Partei Die Linke, meinte, dass die innerhalb der Kommission geführten Auseinandersetzungen um wichtige Punkte »eher innerhalb der Parteien und Fraktionen verlaufen werden als in der Enquete.«[362] Bemerkenswert ist in diesem Zusammenhang, dass sich auch die *Bundesarbeitsgemeinschaft Netzpolitik* der Partei Die Linke[363] vor allem für »Fragen des technischen Betriebs und der Steuerung von Kommunikationsnetzen, der Gestaltung und Nutzbarkeit von Inhalten und der neuen Möglichkeiten von politischer und gesellschaftlicher Teilhabe« interessiert.[364] Die Verengung der Demokratiediskussion auf die Frage, wie durch eine bestimmte Software mehr Beteiligung erreicht werden kann und der häufig damit verbundene Glaube, dass politische Netzwerkstrukturen zentralistischen Organisationsformen immer überlegen seien, führt in eine Sackgasse, die Tendenzen der Entpolitisierung eher verstärkt als ihnen entgegenwirkt. Denn manchmal braucht es keine »flüssige Demokratie«, sondern eine starke Organisation, um Interessen gegen mächtige Gegner durchzusetzen.[365]

Demokratie lässt sich nicht auf Verfahrensfragen reduzieren, sondern ist unauflöslich mit dem Inhalt verknüpft, die Interessen der Mehrheit zur Geltung zu bringen, deren Durchsetzung durch unglei-

---

362 Halina Wawzyniak: Internet und digitale Gesellschaft – ein Bericht über die Arbeit der Enquete-Kommission, in: Ramelow, Bodo / Sitte, Petra / Wawzyniak, Halina / Nitz, Christoph: It's the Internet, stupid. Die Linken und die »Schienennetze« des 21. Jahrhunderts, Hamburg 2011, S. 68

363 Nachdem Ramelow, Sitte, Wawzyniak und Nitz im November 2010 den genannten netzpolitischen Beitrag zur Programmdebatte der Linken beigesteuert und im September 2011 eine Bundesarbeitsgemeinschaft Netzpolitik gegründet hatten, wurde der Bereich im Oktober 2011 als linkes Politikfeld definiert und als solches im Parteiprogramm verankert.

364 Ramelow / Sitte / Wawzyniak / Nitz, a. a. O., S. 25

365 Evgeny Morozov führt die »Faszination für netzwerkgebundene, dezentrale und führungslose Strukturen – und deren angebliche Überlegenheit gegenüber zentralen Hierarchien und deren Anführern (die politische Partei ist hier nur eine Ausprägung von vielen)« auf den von ihm kritisierten »Internetzentrismus« zurück. (Vgl. Morozov, a. a. O., S. 213)

che Machtverhältnisse blockiert werden. »Indem die Unterklassen um die Ausweitung von Mitbestimmungsmöglichkeiten, für den Abbau von politischen Diskriminierungen und sozialen Ungleichheitsverhältnissen oder für die Beseitigung der durch die kapitalistische Produktionsweise erzeugten Herrschaftsverhältnisse kämpfen – Veränderungen, die in ihrem eigenen Interesse liegen und dem Interesse exklusiver Eliten widersprechen –, kämpfen sie zugleich auch für die Durchsetzung des im Demokratiebegriff angelegten Gemeininteresses«, schreibt der Politikwissenschaftler David Salomon.[366]

366 David Salomon: Demokratie, Köln 2012, S. 12

15. Der Mensch ist keine Maschine

Schlussbemerkung: Warum die Politik nicht durch Technologie ersetzt werden darf

»Unsere unbelebten Sklaven werden uns nicht bequem und harmonisch nach Utopia chauffieren.«
(Nicholas Carr, a. a. O., S. 273)

Wo Denkweisen auf dem Vormarsch sind, die den Mensch als Maschine betrachten, die Politik als Betriebssystem begreifen und von der stählernen Faust eines maschinellen »Globocop« den ewigen Frieden erwarten, ist energischer Widerspruch geboten. Denn wer nicht darauf beharrt, dass »der Mensch keine Maschine ist«,[367] droht einer gesellschaftlichen Entwicklung Vorschub zu leisten, in deren Verlauf sich der Mensch »als Mensch eliminieren«[368] würde. Die *scientific community* hat im Zusammenhang mit militärischen Projekten mehr »Vernichtungswissen«[369] produziert als eines darüber, wie ein besseres Leben möglich wird. Fast scheint es, als sei diese Forschungspraxis in der Vorstellung von der Ablösung des Menschen durch superintelli-

367 Joseph Weizenbaum: Die Macht der Computer…, a. a. O., S. 10

368 Helga E. Hörz/Herbert Hörz: Transhumanismus. Überlegungen zu einer Ideologie, die den Menschen überwinden will, in: junge Welt, 29./30. November 2014, Wochenendbeilage, S. 7

369 Otto Ullrich: Technik und Herrschaft. Vom Hand-werk zur verdinglichten Blockstruktur industrieller Produktion, Frankfurt a. M. 1979, S. 317

gente Maschinen zu sich selbst gekommen. Scheinbar plausibel wird diese Ideologie vor dem Hintergrund eines digitalen Kapitalismus, der mit immer effektiveren Waffen verteidigt, durch spektakuläre Unterhaltungsprodukte schmackhaft gemacht und mit Hilfe von zahlreichen Think-Tanks legitimiert wird.

Der in der Wachstumsdynamik und den Investorenstrategien des neuartigen Plattformkapitalismus der Digitalwirtschaft angelegte Größenwahn und die Vorstellung der Anhänger der Singularitätsthese, dass alle Probleme, von der Kolonisierung des Weltraums über den Bau superintelligenter Maschinen mit Bewusstsein bis hin zur Unsterblichkeit des Menschen in absehbarer Zeit realisierbar sind, spiegeln und verstärken sich gegenseitig.

Die eigentliche Gefahr besteht aber nicht in der doch sehr unwahrscheinlichen Entwicklung von Maschinen mit eigenem Bewusstsein, sondern darin, dass von den wirklich relevanten gesellschaftlichen Problemen und Widersprüchen, ihren Ursachen und realistischen Lösungswegen abgelenkt wird.[370] Was die künstliche Intelligenz betrifft, gehört der Ersatz menschlicher Arbeitskraft durch immer effektivere Roboter im Rahmen einer kapitalistischen Wirtschaft hierhin. Solange Menschen dazu erpresst werden können, diese zu verkaufen, um zu leben, ist der Einsatz von immer mehr Maschinen für sie eine existenzielle Bedrohung. Der organisierte Kampf für die Interessen der abhängig Beschäftigten findet im Zeichen drohender Massenarbeitslosigkeit durch fortschreitende Digitalisierung und Roboterisierung von Produktion und Verwaltung unter erschwerten Bedingungen statt.

Zudem gibt die Rolle, die künstliche Intelligenz in den Geschäftsmodellen von jenen Konzernen spielt, die heute sogenannte soziale Medien betreiben, erheblichen Anlass zur Sorge. Der Profit von *Google*, *Facebook* und Co. beruht schon jetzt darauf, dass diese Unternehmen die von den Nutzern ohne Entlohnung produzierten Daten als Waren an Werbekunden verkaufen. Das Bestreben von *Google* geht aber noch viel weiter. Der Konzern will die Gehirne seiner Nutzer direkt mit dem

---

370 So auch Nina Hager: Über den Transhumanismus zur »posthumanen Gesellschaft«?, in: Marxistische Blätter, 5.11.2009

Internet vernetzen und auf diese Weise total überwachen. Das liefe, so der Medien- und Kommunikationswissenschaftler Christian Fuchs, auf eine konstante biopolitische Ausbeutung in Echtzeit hinaus.[371]

Darüber hinaus ist zwar nicht davon auszugehen, dass Maschinen in absehbarer Zeit die Menschheit vernichten wollen, doch birgt die Verselbständigung informationstechnologischer Prozesse im Zeichen zunehmender Vernetzung unter Bedingungen kapitalistischer Konkurrenz zwischen Konzernen und Staaten ein immer schwerer einzuschätzendes Risiko von nicht beabsichtigten Kettenreaktionen mit womöglich katastrophalen Folgen. Insofern ist es gefährlich, wenn sogenannte Entscheidungsträger aus Politik und Militär die Gefahren atomarer, chemischer und biologischer Rüstung vernachlässigen und sich in Fragen nationaler Sicherheit ausgerechnet von Posthumanisten wie Ray Kurzweil oder Nick Bostrom beraten lassen.[372] Einen guten Teil Verantwortung an der Verbreitung des neuen Irrationalismus tragen Medien, die einen superreichen Anhänger der Singularitätsidee wie Peter Thiel als vermeintlichen Meisterdenker der digitalen Ökonomie feiern und Nick Bostrom den roten Teppich ausrollen.[373]

Ihrer eigentliche Aufgabe, über wirkliche Gefahren, etwa die zunehmende Automatisierung der Kriegsführung, umfassend zu berichten, kommen sie dagegen nicht hinreichend nach. Ohne öffentlichen Druck aber wird ein internationaler Rüstungswettlauf, der »zwangsläufig im automatischen Einsatz tödlicher Mittel endet«,[374] kaum zu stoppen sein. Bewaffnete Roboter »vermitteln die Vorstellung von der Möglichkeit einer vollständig automatisierten Kriegsführung, bei der die Zahl militärischer und ziviler Opfer begrenzt werden kann. Die an-

371 Christian Fuchs: Social Media. A critical Introduction, Los Angeles u. a. 2014, S. 134

372 Vgl. Epilog im vorliegenden Band.

373 Die Fernsehsender 3sat und ARTE brachten dem deutschsprachigen Publikum Bostroms Thesen bis Ende 2014 in drei eher unkritisch gehaltenen Beiträgen nahe. Es handelt sich um: *Sternstunde Philosophie* (20.10.2013); a. a. O., *Geburt der »Superintelligenz«*, in: (3sat, 25.11.2014); *Der größte Fortschritt der Menschheit*, in: *Square Idee* (ARTE, 14.12.2014)

374 Marcel Dickow / Hilmar Linnenkamp, a. a. O., S. 66 f

strengende und zeitraubende Suche nach diplomatischen Kompromissen und politischem Interessenausgleich wird scheinbar weniger wichtig, wenn der Einsatz hocheffizienter Waffen schnelle Konfliktlösungen erwarten lässt. Superwaffen machen die Welt unsicherer.«[375]

Dass von einem nennenswerten Widerstand gegen die Roboterkriegsführung bislang wenig zu spüren ist, hat viel mit einer Ideologie zu tun, die den technischen Fortschritt auch im Bereich der Rüstung wie ein unaufhaltsames Naturgesetz darstellt.[376] Aus ihr entspringen Glaubenssätze wie der folgende: »Weil an den Robotern und Algorithmen gearbeitet wird, die die Welt beherrschen könnten, ist es nun wohl zu spät umzukehren.«[377]

Mit einem Denken, das den Begriff des Fortschritts auf eine Abfolge technologischer Innovation im kapitalistischen Hamsterrad reduziert und soziale Zusammenhänge, Konflikte und Interessenlagen in Modelle fasst, die der effektiven, aber bornierten Haltung von Softwareingenieuren entstammt, lassen sich keine Lösungen finden, die der Komplexität gesellschaftlicher Probleme gerecht werden.[378] Insbesondere dann nicht, wenn es die Technik als »autonomes Wesen mit eigener Agenda«[379] missversteht. Dass eine Entwicklung, die in die falsche

375 Ralf Rudolph / Uwe Markus: Superwaffen für einen sauberen Krieg, Berlin 2014, S. 10

376 So gab mir ein führender CSU-Politiker im Sommer 2014 am Rande eines Gesprächs über die Drohnenbewaffnung der Bundeswehr zu verstehen, er teile zwar meine Sorgen über die Richtung der Entwicklung intelligenter Roboter, sei aber der Meinung, dass politische Eingriffe keine Aussicht auf Erfolg hätten, da der Fortschritt unaufhaltsam sei.

377 Georg Diez: Menschenwürmer, in: Der Spiegel, 50/2014, S. 124

378 Durch die »Aura technischer Lösbarkeit« erscheinen »gigantische Forschungsaufwendungen legitimiert, die bei näherem Hinsehen vielleicht nicht ganz so vorrangig wären«. (Kluge / Lohmann / Steffens: Menschenverbesserung…, in: junge Welt, a. a. O.) Die Autoren geben das *Jahrbuch Pädagogik 2014. Menschenverbesserung – Transhumanismus* heraus. Als Beispiel für fragwürdige Forschungen nennen sie das 2013 von der EU bewilligte *Human Brain Projekt* und die *Brain Initiative* in den USA. »Zwei konzertierte Forschungsmissionen rund ums Gehirn, die auf zehn Jahre angelegt sind und viele Milliarden Dollar kosten werden« (ebd.).

379 Morozov, a. a. O., S. 357

Richtung läuft, schon deshalb nicht geändert werden kann, weil es sie gibt, will jedoch eben so wenig einleuchten wie die Unterstellung, wer daran etwas ändern wolle, übe sich in »Technikverweigerung«, durch die »Entwicklungen noch nie aufgehalten worden« seien.[380]

»Wir leben, wie wir leben, nur, weil es Maschinen gibt, aber wir leben gleichzeitig so, als könnten wir dem, was sie tun, keine Richtung geben«,[381] brachte der Schriftsteller und Journalist Dietmar Dath diese fatalistische Haltung gegenüber der technologischen Entwicklung auf den Punkt. Dass diese Sichtweise vor allem die Funktion hat, die bestehende Machtverteilung zu kaschieren, darauf haben aufgeklärte Geister wie der Computerwissenschaftler Joseph Weizenbaum schon in den 1970er Jahren hingewiesen,[382] als er den »Mythos von der technischen, politischen und gesellschaftlichen Zwangsläufigkeit«[383] kritisierte. Immer wieder offenzulegen, dass es eine solche Zwangsläufigkeit nicht gibt,[384] ist eine Möglichkeit, um den von Morozov diagnostizierten digitalen Defätismus in die Schranken zu weisen.

In einer demokratischen Gesellschaft, die tatsächlich auf den sozialen Interessen der Mehrheit beruhte, wären es die Menschen, welche die Richtung der technologischen Entwicklung nach selbst gesetzten Zielen steuerten. »Ob ›technischer Fortschritt‹ auch *Fortschritt* ist«, so Ullrich »wäre erst zu bestimmen über einen bewussten Konsens der Gesellschaft und nicht als Diktat bornierter Interessen.«[385] Technologien, die einen gesellschaftlichen Demokratisierungsprozess erschwe-

---

380 Helmut Martin-Jung: Hasta la vista, Menschheit. Einige Forscher glauben, dass künstliche Intelligenz die des Homo sapiens schon bald übertreffen wird, in: Süddeutsche Zeitung, 2.1.2014, S. 20

381 Dath: Maschinenwinter, a. a. O., S. 54

382 Vgl. Weizenbaum, a. a. O., S. 345

383 Ebd., S. 317

384 Bspw. erscheint das sog. Mooresche Gesetz von der ständigen Beschleunigung der Rechnerleistung nur wie ein Naturgesetz. Dabei handelt es sich um eine Entwicklungsvorgabe, an der sich Konzerne und Regierungsbehörden bei der Investition in Supercomputer orientieren. Sie könnten die zur Verfügung stehenden Gelder stattdessen für andere Zwecke verwenden.

385 Otto Ullrich: Technik und Herrschaft, a. a. O. S. 243

ren, müssen von einer Gesellschaft zurückgedrängt, andere dagegen gefördert werden.[386] Morozov zufolge geht es um die Frage, »welche technischen Innovationen förderlich sind für die Entwicklung der Demokratie«[387]. Derweil erklärt Dietmar Dath: »Maschinen, die miteinander auf eine Art verschaltet sind, die das arme Menschenkind, das an ihnen hängt, ökonomisch an die Wand drückt, verdienen es immer, gestürmt zu werden.«[388] Denn: »Ehe wir den Schrott nicht beseitigen, der bloß Geld machen kann und nichts Nützliches, ist der Platz nicht frei für die Industrie, die wir wollen«.[389] Eine Voraussetzung dafür ist die Information der Öffentlichkeit über das tatsächliche Forschungsgeschehen. Davon kann im Bereich der KI-Forschung zurzeit keine Rede sein. So gibt es in den USA eine Menge kleiner Forschungsunternehmen, die, privat finanziert, im Verborgenen arbeiten, um nicht die Aufmerksamkeit von Konkurrenten auf sich zu ziehen. Hinzu kommen Unternehmen, die zwar Gelder einwerben, die Öffentlichkeit über ihre Entwicklungsfortschritte aber im Dunkeln lassen sowie mehr oder weniger verborgen arbeitende Abteilungen großer Konzerne. In diese Kategorie gehört *Google X*, das KI-Labor des Suchmaschinen-Giganten. [390] Heute hat es dagegen den Anschein, als ob sich die Menschen den jeweils neuesten technischen Innovationen anpassen müssten. Die Ursache dafür liegt jedoch nicht in einem vermeintlichen Naturgesetz technologischer Entwicklung, sondern in den Eigentums- und Machtverhältnissen. Im Rahmen des gegenwärtigen Kapitalismus befinden sich die wirkungsvollsten Eingriffsmittel in die

---

386 Vgl. Ullrich, a. a. O., S. 445

387 Morozov, a. a. O., S. 346

388 Dietmar Dath: Klassenkampf im Dunkeln. Zehn zeitgemäße sozialistische Übungen, Hamburg 2014, S. 69

389 Ebd., S. 80

390 Barrat berichtet, der Forschungsdirektor von *Google*, Peter Norvig, habe ihm gegenüber die Existenz eines Forschungsprogramms zur Entwicklung einer künstlichen Intelligenz auf menschlichem Niveau bestritten. Man arbeite an vielen kleineren Baustellen: Suchmaschinen, Stimm- und Gesichtserkennung sowie Data Mining. Fortschritte auf diesen Gebieten können für die Entwicklung allerdings sehr nützlich sein. (Vgl. Barrat, a. a. O., S. 40)

natürliche und künstliche Umgebung des Menschen in den Händen jener Konzerne, die Informationstechnologien entwickeln und zum Zwecke der Mehrung privaten Profits nutzen.

Die Handlungsmächtigkeit und das dazu gehörige Bewusstsein sind aus diesem Grund sehr ungleich verteilt. Während sich die Repräsentanten der Führungsetagen und Techniklabore nämlicher Konzerne zunehmend wie Angehörige einer Elite vorkommen, die jene Werkzeuge schaffen, mit denen vermeintlich alle Probleme dieser Welt zu lösen sind,[391] fühlt sich die Mehrheit der Bevölkerung weitgehend ohnmächtig. Die Befreiung von dem Zwang, ihre Arbeitskraft zu immer schlechteren Bedingungen zu verkaufen, werden die Maschinen den Menschen jedoch nicht abnehmen können.

391 *Apple*-Gründer Steve Jobs sagte einmal: »Wenn man die Welt mit den Augen eines Kindes betrachtet, glaubt man, alle Dinge auf der Welt hätte es schon immer gegeben. Man erkennt keinen Unterschied zwischen Bäumen und Flugzeugen. Beide sind einfach da … Dann aber wird man älter und versteht auf einmal, wie viele Dinge um uns herum von Menschen gemacht worden sind. … Man sieht dann plötzlich ein: Die Welt ist nicht statisch. Sie ist von Menschen geändert worden. Und weil man selbst ein Mensch ist, erkennt man auf einen Schlag, dass man sie auch ändern kann. Mit einem Mal wird man sehr mächtig. Ich kann mich an diesen Moment in meinem Leben sehr genau erinnern.« (Zit. nach: Keese, a. a. O., S. 124) Die Einsicht, dass die uns umgebenden Welt zu guten Teilen eine von Menschen gemachte ist, teilt Jobs mit zwei Autoren, die einst jenes Begriffsbesteck schufen, mit dem sich kapitalistische Herrschaft auch heute noch sezieren lässt. In ihrer Schrift *Die deutsche Ideologie* gelangten Marx und Engels zu der Erkenntnis, dass die den Menschen »umgebende sinnliche Welt nicht ein unmittelbar von Ewigkeit her gegebenes, sich stets gleiches Ding ist, sondern das Produkt der Industrie und des Gesellschaftszustandes, und zwar in dem Sinne, dass sie ein geschichtliches Produkt ist, das Resultat der Tätigkeit einer ganzen Reihe von Generationen, deren Jede auf den Schultern der vorhergehenden stand, ihre Industrie und ihren Verkehr weiter ausbildete, ihre soziale Ordnung nach den veränderten Bedürfnissen modifizierte« (MEW 3, S. 43). Bei genauerem Nachforschen entpuppen sich oftmals selbst jene Gegenstände unserer unmittelbaren Umgebung als das Produkt menschlichen Handelns, die der unmittelbaren »sinnlichen Gewissheit« (Hegel) als vermeintliche Naturtatsachen erscheinen. »Der Kirschbaum ist«, so Marx und Engels weiter, »wie fast alle Obstbäume, bekanntlich erst vor wenig Jahrhunderten durch den Handel in unsere Zone verpflanzt worden.« (Ebd.)

Epilog

Eine Sommerlektüre

»Wir leben in einer Welt, in der es dir gut geht, wenn du dich um die Maschinen kümmerst, aber wenn du das nicht tust, hast du zu kämpfen. Damit bewegen wir uns in Richtung einer Realität, wie sie schon H. G. Wells beschrieben hat, in der sich die Spezies auftrennt in Eloi und Morlocks. Dieses Risiko besteht tatsächlich.«
(George Dyson, Autor von Turings Kathedrale)[392]

Knapp anderthalb Jahre nachdem er die geneigten Zuhörer an der *London School of Economics* für die Visionen eines Ray Kurzweil zu begeistern versuchte, verschaffte der Soziologe und Regierungsberater Anthony Giddens, nun in seiner Funktion als Mitglied des House of Lords, einem anderen Vertreter der posthumanistischen Ideologie einen Auftritt vor dem britischen Oberhaus. Am 22. Juli 2014 wurde Nick Bostrom von einem mit der digitalen Zukunft Großbritanniens befassten parlamentarischen Ausschuss des befragt. Es handelt sich um eine Anhörung des *Select Committee on Digital Skills.*[393]

392 Im Gespräch mit: FAZ, 11.10.2014.

393 Neben Lord Giddens waren bei der Befragung vor dem Ausschuss anwesend: Baroness Morgan of Huyton (Vorsitzende), Lord Aberdare, Earl of Courtown, Baroness Garden of Frognal, Lord Haskel, Lord Janvrin, Lord Kirkwood of Kirkhope, Lord Lucas, Lord Macdonald of Tradeston, Baroness O'Cathain. (Vgl. House of Lords/The Select Committee on Digital Skills: Inquiry on Digital Skills. Evidence Session No. 3, Heard in Public. Questions 26-39)

Von Baron Giddens aufgefordert, etwas über sein Buch *Superintelligenz* zu erzählen, erklärte Bostrom, er sei der Auffassung, dass Maschinen den Menschen hinsichtlich ihrer Intelligenz in Zukunft auf eine ähnliche Weise übertreffen werden, wie die Menschen heute den Affen. Auf Giddens Frage, ob er das Eintreffen der Singularität zu einem späteren Zeitpunkt erwarte als Ray Kurzweil, antwortete Bostrom, dass heute niemand genau wisse, wie weit die dazu notwendigen Entwicklungen schon fortgeschritten seien. In dem Moment, in dem die Singularität stattfände, würde es sich um die bedeutendste Sache handeln, die jemals in der menschlichen Geschichte geschehen sei, verbunden mit enormen Gefahren. Wer mehr über die Details erfahren wolle, solle sich ein Exemplar des Buchs kaufen.

Der adlige Ausschuss – das Oberhaus ist bis heute sehr nobel zusammengesetzt – einigte sich schließlich darauf, Bostroms *Superintelligenz* mit auf die Liste der Sommerlektüre zu setzen.

Literatur

Adamek, Sascha: Die facebook-Falle. Wie das soziale Netzwerk unser Leben verkauft, München 2012

Anders, Günther: Die Antiquiertheit des Menschen 1. Über die Seele im Zeitalter der zweiten industriellen Revolution, München 2010 (1956)

Arkin, Ron über die Ethik von Kampfmaschinen (Interview: Hans-Arthur Marsiske), in: Marsiske, Hans-Arthur (Hg.): Kriegsmaschinen. Roboter im Militäreinsatz, Hannover 2012, S. 141-144

Baecker, Dirk: Was wollen die Roboter?, in: ders.: Wozu Systeme? Berlin o.J.

Barbrook, Richard: Imaginary Futures. From Thinking Machines to the Global Village, London 2007

Barrat, James: Artificial Intelligence and the End of the Human Era, New York 2013

Berggruen, Nicolas / Gardels, Nathan: Klug regieren. Politik für das 21. Jahrhundert, Freiburg / Basel / Wien 2013

Bostrom, Nick: Superintelligenz. Szenarien einer kommenden Revolution, Berlin 2014

Brooks, Rodney: Menschmaschinen. Wie uns die Zukunftstechnologien neu erschaffen, Frankfurt a. M. / New York 2002

Brynjolfsson, Eric / McAfee, Andrew: The Second Machine Age. Wie die nächste digitale Revolution unser aller Leben verändern wird, Kulmbach 2014

Burkhard, Hans-Dieter: Lasst die Maschinen machen. Wie intelligent ist die Künstliche Intelligenz?, in: Marsiske, Hans-Arthur (Hg.): Kriegsmaschinen. Roboter im Militäreinsatz, Hannover 2012, S. 147-161

Capurro, Rafael / Marsiske, Hans-Arthur: Der Moment des Triumphs. E-Mail-Dialog über ein Bild, in: Marsiske, Hans-Arthur (Hg.): Kriegsmaschinen. Roboter im Militäreinsatz, Hannover 2012, S. 11-29

Carr, Nicholas: Abgehängt. Wo bleibt der Mensch, wenn Computer entscheiden?, München 2014

Crome, Erhard: Piratenpartei. Eine Alternative?, Berlin 2013

Dath, Dietmar / Kirchner, Barbara: Der Implex. Sozialer Fortschritt: Geschichte und Idee, Berlin 2012

Dath, Dietmar: Klassenkampf im Dunkeln. Zehn zeitgemäße sozialistische Übungen, Hamburg 2014

Dath, Dietmar: Maschinenwinter. Wissen, Technik, Sozialismus. Eine Streitschrift, Frankfurt a. M. 2008

Diamandis, Peter H. / Kotler, Steven: Überfluss. Die Zukunft ist besser, als sie denken, Kulmbach 2012

Dickow, Marcel / Linnenkamp, Hilmar: Killing Drones. Ein Plädoyer gegen die fliegenden Automaten, in: Heinrich-Böll-Stiftung (Hg.): High-Tech-Kriege. Frieden und Sicherheit in Zeiten von Drohnen, Kampfrobotern und digitaler Kriegsführung. Heinrich-Böll-Stiftung. Reihe: Schriften zur Demokratie, Band 36, Berlin 2013

Diez, Georg: Menschenwürmer, in: Der Spiegel, 50/2014

Drexler, Eric K.: Radical Abundance. How a Revolution in Nanotechnology will change Civilisation, New York 2013

Dyson, George: Turings Kathedrale. Die Ursprünge des digitalen Zeitalters, Berlin 2014

Fischetti, Mark: Alternativen zum Silizium, in: Spektrum der Wissenschaft Spezial / Die neue Computer-Ära (3/2013)

Fuchs, Christian: Social Media. A critical Introduction, Los Angeles u. a. 2014

Gore, Al: Die Zukunft. Sechs Kräfte, die unsere Welt verändern, München 2014

Habermas, Jürgen: Technik und Wissenschaft als Ideologie, Frankfurt a. M. 1968

Habermas, Jürgen: Die Zukunft der Natur. Auf dem Weg zu einer liberalen Eugenik?, Frankfurt a. M. 2002

Groß, Martina: »Wir sind wie Götter und wir können genauso gut werden«. Die Hippies und der Cyberspace, Radiofeature, Deutschlandfunk, 25.11.2014

Hänssler, Boris: Verbesserte Menschen. Die vielleicht gefährlichste Idee der Welt, in: Süddeutsche Zeitung, 8.6.2013

Hager, Nina: Über den Transhumanismus zur »posthumanen Gesellschaft«?, in: Marxistische Blätter, 5.11.2009

Haude, Rüdiger: Frei-Beuter. Charakter und Herkunft piratischer Demokratie im frühen 18. Jahrhundert, in: Zeitschrift für Geschichtswissenschaft, Heft 7/8, 2008, S. 600

Häusler, Martin: Die Piratenpartei. Freiheit, die wir meinen. Neue Gesichter für die Politik, Berlin / München 2011

Harrison, Robert Pogue: »Veränder die Welt und macht sie flach!«, in: Frankfurter Allgemeine Zeitung, 12.08.2014

Heinrich-Böll-Stiftung (Hg.): High-Tech-Kriege. Frieden und Sicherheit in Zeiten von Drohnen, Kampfrobotern und digitaler Kriegsführung. Reihe: Schriften zur Demokratie, Band 36, Berlin 2013

Helms, Hans G: Computer aus der Alchimistenküche. Forschungen im Auftrag des Pentagons zu Biochips, molekularelektronischen Geräten und zur Kontrolle und Steuerung von Menschen durch implantierte wetware, in: Behrens, Hermann / Neumann, Gerd / Schikora, Andreas (Hg.): Wirtschaftsgeschichte und Umwelt, Marburg 1995

Hörz, Helga E. / Hörz, Herbert: Transhumanismus. Überlegungen zu einer Ideologie, die den Menschen überwinden will, in: junge Welt, 29./30.11.2014, Wochenendbeilage, S. 6f

Hofstetter, Yvonne: Sie wissen alles. Wie intelligente Maschinen in unser Leben eindringen und warum wir für unsere Freiheit kämpfen müssen, München 2014

Isaacson, Walter: Steve Jobs. Die autorisierte Biografie des Apple-Gründers, München 2012

Kaku, Michio: Die Physik der Zukunft. Unser Leben in 100 Jahren, Reinbek 2013

Keese, Christoph: Silicon Valley. Was aus dem mächtigsten Tal der Welt auf uns zukommt, München 2014

Kittlitz, Alard von: Wie soll man denken, ohne zu leben? Der Mensch ist mehr als ein dysfunktionaler Computer: Nick Bostroms ziemlich dummer Traum von der künstlichen Intelligenz, in: Frankfurter Allgemeine Sonntagszeitung, 5.10.2014, S. 40

Kluge, Sven / Lohmann, Ingrid / Steffens, Gerd: Menschenverbesserung. Ein kritischer Blick auf den Transhumanismus, in: junge Welt, 22./23.11.2014, Wochenendbeilage, S. 6f

Krysmanski, Hans Jürgen: 0,1 %. Das Imperium der Milliardäre, Frankfurt a. M. 2012

Kucklick, Christoph: Die granulare Gesellschaft. Wie das Digitale unsere Wirklichkeit auflöst, Berlin 2014

Kuhn, Gabriel: Unter dem Jolly Roger: Piraten im goldenen Zeitalter, Berlin / Hamburg 2011

Kurz, Constanze / Rieger, Frank: Arbeitsfrei. Eine Entdeckungsreise zu den Maschinen, die uns ersetzen, München 2013

Kurz, Constanze / Rieger, Frank: Technologie als Waffe, in: Heinrich-Böll-Stiftung (Hg.): High-Tech-Kriege. Frieden und Sicherheit in Zeiten von Drohnen, Kampfrobotern und digitaler Kriegsführung. Reihe: Schriften zur Demokratie, Band 36, Berlin 2013

Kurzweil, Ray: Das Geheimnis des menschlichen Denkens. Einblicke in das Reverse Engineering des Gehirns, Berlin 2014

Kurzweil, Ray: Menschheit 2.0. Die Singularität naht, Berlin 2013

Lanier, Jaron: Wem gehört die Zukunft?, Hamburg 2013

Leisegang, Daniel: Amazon. Das Buch als Beute, Stuttgart 2014

Linebaugh, Peter / Rediker, Marcus: Die vielköpfige Hydra. Die verborgene Geschichte des revolutionären Atlantiks, Berlin / Hamburg 2008

Mainzer, Klaus: Leben als Maschine? Von der Systembiologie zur Robotik und Künstlichen Intelligenz, Paderborn 2010

Marsiske, Hans-Arthur (Hg.): Kriegsmaschinen. Roboter im Militäreinsatz, Hannover 2012

Marsiske, Hans-Arthur: Fluchtpunkt Autonomie. Die Gretchenfrage der Robotik, in: Marsiske, Hans-Arthur (Hg.): Kriegsmaschinen. Roboter im Militäreinsatz, Hannover 2012, S. 1-6

Martin-Jung, Helmut: Hasta la vista, Menschheit. Einige Forscher glauben, dass künstliche Intelligenz die des Homo sapiens schon bald übertreffen wird, in: Süddeutsche Zeitung, 2.1.2014, S. 20

Marx, Karl / Engels, Friedrich: Die Deutsche Ideologie. Kritik der neuesten deutschen Philosophie in ihren Repräsentanten Feuerbach, B. Bauer und Stirner und des deutschen Sozialismus in seinen verschiedenen Propheten. Marx Engels Werke (MEW 3)

Mazzucato, Mariana: Das Kapital des Staates. Eine andere Geschichte von Innovation und Wachstum, München 2014

Meier, Christian J.: Dem Quantencomputer voraus, in: Technology Review, 12/2014, S. 70 f

Mejias, Jordan: Müssen wir Angst vor Watson haben?, in: Frankfurter Allgemeine Zeitung, 25.6.2014, S. 11

Moravec, Hans: Computer übernehmen die Macht. Vom Siegeszug der künstlichen Intelligenz, Hamburg 1999

Moravec, Hans in: Gelpke, Basil / Kluge, Alexander: Mensch 2.0. Die Evolution in unserer Hand, DVD, 2011

Moreno, Jonathan D.: Mind Wars. Brain Science and the Military in the 21st Century, New York 2012

Morozov, Evgany: Smarte neue Welt. Digitale Technik und die Freiheit des Menschen, München 2013

Morris, Ian: Krieg. Wozu er gut ist, Frankfurt a. M. / New York 2013

Morris, Ian: Wer regiert die Welt? Warum Zivilisationen herrschen oder beherrscht werden, Frankfurt a. M. / New York 2011

Münkler, Herfried: Neue Kampfsysteme und die Ethik des Krieges, in: Heinrich-Böll-Stiftung (Hg.): High-Tech-Kriege. Frieden und Sicherheit in Zeiten von Drohnen, Kampfrobotern und digitaler Kriegsführung. Reihe: Schriften zur Demokratie, Band 36, Berlin 2013

Packer, George: Die Abwicklung. Eine innere Geschichte des neuen Amerika, Frankfurt a. M. 2014

Alex Pentland im Gespräch, »Wow, das macht Spaß«, in: Der Spiegel, 21/2014

Pentland, Alex: Social Physics. How good Ideas spread. The Lessons from a new Science, New York 2014

Plöger, Paul G.: Über Roboter im Kino und in der Wirklichkeit (Interview Hans-Arthur Marsiske), in: Marsiske, Hans-Arthur (Hg.): Kriegsmaschinen. Roboter im Militäreinsatz, Hannover 2012, S. 113-124

Projekt Ideologietheorie: Faschismus und Ideologie. Hamburg 2007

Ramelow, Bodo / Sitte, Petra / Wawzyniak, Halina / Nitz, Christoph: It's the Internet, stupid. Die Linken und die »Schienennetze« des 21. Jahrhunderts, Hamburg 2011

Runciman, David: Politics. Ideas in Profile. London 2014

Rötzer, Forian: Die kalifornische Ideologie – ein Phantom?, in: Telepolis / Heise online, 12.8.1996

Rudolph, Ralf / Markus, Uwe: Superwaffen für einen sauberen Krieg. Berlin 2014

Rügemer, Werner: Neue Technik – alte Gesellschaft. Silicon Valley: Mythos und Realität vom American Way of Technology, Berlin 1986

Rushkoff, Douglas: Present Schock. Wenn alles jetzt passiert, Freiburg 2014

Salomon, David: Demokratie, Köln 2012

Sauer, Frank: Die Drohne: Von der Zielscheibe zum Killerroboter, in: Heinrich-Böll-Stiftung (Hg.): High-Tech-Kriege. Frieden und Sicherheit in Zeiten von Drohnen, Kampfrobotern und digitaler Kriegsführung. Reihe: Schriften zur Demokratie, Band 36, Berlin 2013

Schmidt, Eric / Cohen, Jared: Die Vernetzung der Welt. Ein Blick in unsere Zukunft, Reinbek 2013

Schmidt-Salomon, Michael: Hoffnung Mensch. Eine bessere Welt ist möglich, München 2014

Scholz, Nina: Nerds, Geeks und Piraten. Digital Natives in Kultur und Politik, Berlin 2014

Schörnig, Niklas: Die Verlockung des automatisierten Krieges. Warum westliche Demokratien ein besonderes Interesse an militärischen Robotern haben, in: Marsiske, Hans-Arthur (Hg.): Kriegsmaschinen. Roboter im Militäreinsatz, Hannover 2012, S. 189-199

Schörnig, Niklas: Viele Fragen – kaum Antworten. Die Debatte über bewaffnete Drohnen für die Bundeswehr steht erst am Anfang, in: Heinrich-Böll-Stiftung (Hg.): High-Tech-Kriege. Frieden und Sicherheit in Zeiten von Drohnen, Kampfrobotern und digitaler Kriegsführung. Reihe: Schriften zur Demokratie, Band 36, Berlin 2013

Schwägerl, Christian: Die analoge Revolution. Wenn Technik lebendig wird und die Natur mit dem Internet verschmilzt, München 2014

Shapiro, Carl / Varian, Hal R.: Online zum Erfolg. Strategie für das Internet-Business, München 1999

Singer, Peter: Die Zukunft ist schon da, in: Heinrich-Böll-Stiftung (Hg.): High-Tech-Kriege. Frieden und Sicherheit in Zeiten von Drohnen, Kampfrobotern und digitaler Kriegsführung. Reihe: Schriften zur Demokratie, Band 36, Berlin 2013

Strutynski, Peter (Hg.): Töten per Fernbedienung. Kampfdrohnen im weltweiten Schattenkrieg, Wien 2013

Tetzner, Thomas: Der kollektive Gott. Zur Ideengeschichte des »Neuen Menschen« in Russland, Göttingen 2013

Thiel, Peter: Zero to one. Wie Innovation unsere Gesellschaft rettet, Frankfurt a. M. / New York 2014

Tipler, J. Frank: Die Physik der Unsterblichkeit. Moderne Kosmologie, Gott und die Auferstehung der Toten, München 2007

Ullrich, Otto: Technik und Herrschaft. Vom Hand-werk zur verdinglichten Blockstruktur industrieller Produktion, Frankfurt a. M. 1979

Vowinkel, Bernd: Maschinen mit Bewusstsein, Weinheim 2006

Wagner, Thomas: Die Mitmachfalle. Bürgerbeteiligung als Herrschaftsinstrument, Köln 2013

Wagner, Thomas: Dreiste Landnahme. Neuer Kolonialismus. Der US-Ökonom Paul Romer bezweckt mit seinem Konzept der Charter Cities keine Entwicklungshilfe, sondern Ausbeutung und Fremdherrschaft, in: junge Welt, 27.04.2010, S. 10f

Wawzyniak, Halina: Internet und digitale Gesellschaft – ein Bericht über die Arbeit der Enquete-Kommission, in: Ramelow, Bodo / Sitte, Petra / Wawzyniak, Halina / Nitz, Christoph: It's the Internet, stupid. Die Linken und die »Schienennetze« des 21. Jahrhunderts, Hamburg 2011

Weiss, Lora G.: Autonome Roboter im Nebel des Krieges, in: Marsiske, Hans-Arthur (Hg.): Kriegsmaschinen. Roboter im Militäreinsatz, Hannover 2012, S. 163-173

Weizenbaum, Joseph: Computermacht und Gesellschaft, Frankfurt a. M. 2001

Weizenbaum, Joseph: Die Macht der Computer und die Ohnmacht der Vernunft, Frankfurt a. M. 1978

Wilson, Peter Lamborn: Piraten, Anarchisten, Utopisten. Mit ihnen ist kein Staat zu machen, Berlin 2009

Danksagung

Wenn ich Freunden und Kollegen von meiner Absicht erzählte, ein Buch über die Ideologie der vermeintlich kommenden Roboterherrschaft zu schreiben, reagierten diese sehr verschieden: Einige mit ungläubigem Staunen und Skepsis, die meisten mit Neugier und großem Interesse. Kalt ließ das Thema jedoch kaum einen. Viele Gespräche haben mich in meiner Arbeit weitergebracht, auch solche mit Personen, zu denen ich sonst im politischen Widerspruch stehe. Bedanken möchte ich mich daher ausdrücklich bei Christoph Keese, Vizepräsident des *Axel Springer*-Konzerns, der mir half, die Denkweise der Robokraten besser zu verstehen. Für mich aufschlussreich war zudem ein Gespräch mit Peter Gauweiler (CSU). Die Begegnung mit dem Informatiker Raúl Rojas hat mir gezeigt, dass auch ein KI-Forscher humanistischen und fortschrittlichen Ideen verpflichtet sein kann. Daniel Leisegang von den *Blättern für deutsche und internationale Politik* verdanke ich Einblicke in die von der Ideologie des Silicon Valley geprägte Denkweise von *Amazon*-Gründer Jeff Bezos. Viel Ermutigung erhielt ich von Stefan Huth und vielen anderen Kollegen von der Tageszeitung *junge Welt*. Für zahlreiche Hinweise, Kritik und Zuspruch danke ich zudem Belinda Wolff, Jörg Tiedjen, Christian Fuchs, Klaus Gramlich und Michael Zander.

www.jungewelt.de/probeabo
Sie lügen wie gedruckt. Wir drucken, wie sie lügen.
DIE TAGESZEITUNG
junge Welt
Monstrum
Der Immobilienkonzern Deutsche Annington will den Rivalen GAGFAH übernehmen. Damit soll der zweitgrößte Wohnungskonzern Europas entstehen. Seine Basis ist gefledderter sozialer Wohnungsbau
SEITE 9
WWW.JUNGEWELT.DE
GEGRÜNDET 1947 · DIENSTAG, 2. DEZEMBER 2014 · NR. 279 · 1,40 EURO · PVST A11002 · ENTGELT BEZAHLT
Gratiskulturalist
Jörg Bergstedt will Klarheit: Offen deklariertes Schwarzfahren stehe nicht unter Strafe
2
Rechtsvermeider
Generalbundesanwalt weist Klage gegen Überfall auf »Mavi Marmara« ab. Von Norman Paech
3
Diskussionsverhinderer
Die Linke weist Einwände gegen Vorstandsbeschlüsse zu Israel und DDR zurück. Siehe Seite 8
4
Zementierer
Israel: Protest gegen neues »Nationalitätsgesetz«, aber zionistische Hardliner weiter im Aufwind
7
NATO macht weiter Front gegen Russland
Brüssel. Die NATO will mit Hilfe Deutschlands schon 2015 eine Eingreiftruppe aufstellen, die notfalls binnen weniger Tage nach Polen oder ins Baltikum entsandt werden könnte. Zudem verstärkt die NATO die Unterstützung für die Ukraine und schließt auch eine Mitgliedschaft des Landes nicht aus, wie Generalsekretär Jens Stoltenberg am Montag in Brüssel deutlich machte. Die NATO-Außenminister treffen sich am Dienstag in Brüssel. Bereits im Vorfeld warf Stoltenberg Russland erneut aggressives Verhalten vor. Moskaus Forderungen nach einer Garantie, dass die Ukraine nicht in die NATO aufgenommen wird, erteilte Stoltenberg eine Absage. Jedes Land dürfe alleine entscheiden, ob es einen Aufnahmean-
Nein sagen wie Liebknecht
Vor 100 Jahren:
Als einziger Abgeordneter
Drei Wochen gratis testen